Fachwissen Technische Akustik

Diese Reihe behandelt die physikalischen und physiologischen Grundlagen der Technischen Akustik, Probleme der Maschinen- und Raumakustik sowie die akustische Messtechnik. Vorgestellt werden die in der Technischen Akustik nutzbaren numerischen Methoden einschließlich der Normen und Richtlinien, die bei der täglichen Arbeit auf diesen Gebieten benötigt werden.

Gerhard Müller · Michael Möser
Herausgeber

Numerische Methoden der Technischen Akustik

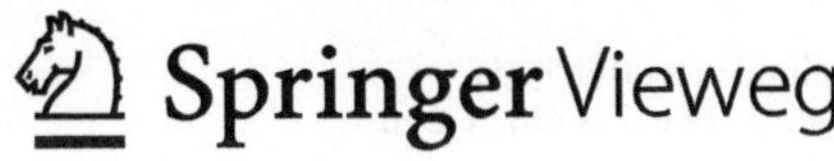

Herausgeber
Gerhard Müller
Lehrstuhl für Baumechanik
Technische Universität München
München, Deutschland

Michael Möser
Institut für Technische Akustik
Technische Universität Berlin
Berlin, Deutschland

Fachwissen Technische Akustik
ISBN 978-3-662-55408-1 ISBN 978-3-662-55409-8 (eBook)
DOI 10.1007/978-3-662-55409-8

Die Deutsche Nationalbibliothek verzeichnet diese Publikation in der Deutschen Nationalbibliografie; detaillierte bibliografische Daten sind im Internet über http://dnb.d-nb.de abrufbar.

Springer Vieweg

Dieser Beitrag wurde zuerst veröffentlicht in: G. Müller, M. Möser (Hrsg.), Taschenbuch der Technischen Akustik, Springer Nachschlagewissen, Springer-Verlag Berlin Heidelberg 2015, DOI 10.1007/978-3-662-43966-1_3-1

Gedruckt auf säurefreiem und chlorfrei gebleichtem Papier

Springer Vieweg ist Teil von Springer Nature
Die eingetragene Gesellschaft ist Springer-Verlag GmbH Deutschland
Die Anschrift der Gesellschaft ist: Heidelberger Platz 3, 14197 Berlin, Germany

Inhaltsverzeichnis

Autorenverzeichnis

Stephan Lippert Institut für Modellierung und Berechnung, Technische Universität Hamburg-Harburg, Hamburg, Deutschland

Martin Ochmann FB II Mathematik, Physik und Chemie, Beuth Hochschule für Technik Berlin, Berlin, Deutschland

Otto von Estorff Institut für Modellierung und Berechnung, Technische Universität Hamburg-Harburg, Hamburg, Deutschland

Numerische Methoden der Technischen Akustik

Martin Ochmann, Stephan Lippert und Otto von Estorff

Zusammenfassung

Die numerische Akustik hat sich in den letzten Jahren parallel mit der schnell steigenden Leistungsfähigkeit der Computer rasant weiterentwickelt und durchdringt nahezu alle Fachgebiete der Akustik. Die am weitesten verbreiteten, wellentheoretischen Verfahren der numerischen Akustik sind die Randelementemethode, die Finite-Elemente-Methode und die Ersatzstrahlermethode. Diese Verfahren werden hier ausführlich behandelt. Weitere Methoden wie z. B. Approximationen für hohe Frequenzen, Verfahren der geometrischen Akustik oder die statistische Energieanalyse werden ebenfalls kurz angesprochen.

1 Einleitung

Zu den wichtigsten numerischen Methoden in der Akustik zählen die Randelementemethode (BEM) und die Finite-Elemente-Methode (FEM). Wie der Name schon ausdrückt, muss bei der BEM nur der Rand der schwingenden oder Schall streuenden Struktur diskretisiert werden, während die FEM als Gebietsmethode die Zerlegung der gesamten Struktur in finite Elemente erfordert. Daher wird die Problemgröße bei der BEM um eine Dimension reduziert. In Tab. 1 findet man einige Charakteristika dieser beiden Verfahren schlagwortartig aufgeführt (siehe hierzu auch [1]).

Die Ersatzstrahlermethode wird im Forschungsbereich häufig eingesetzt. Sie konnte bis jetzt aber noch keinen Eingang in kommerzielle Programmpakete finden, da es schwierig ist, allgemeine Regeln für die Auswahl der Art, Zahl und Orte der zu verwendenden Ersatzquellen zu finden.

In Abschn. 7 werden weitere numerische Methoden, die bei inhomogenen Medien, hohen Frequenzen oder im Zusammenspiel mit statistischen Methoden eine Rolle spielen, behandelt. Natürlich handelt es sich hierbei um eine mehr oder weniger subjektive Auswahl, da nicht alle numerischen Methoden der Technischen Akustik beschrieben werden können.

M. Ochmann (✉)
FB II Mathematik, Physik und Chemie, Beuth Hochschule für Technik Berlin, Berlin, Deutschland
E-Mail: ochmann@beuth-hochschule.de

S. Lippert • O. von Estorff (✉)
Institut für Modellierung und Berechnung, Technische Universität Hamburg-Harburg, Hamburg, Deutschland
E-Mail: s.lippert@tuhh.de; estorff@tuhh.de

G. Müller, M. Möser (Hrsg.), *Numerische Methoden der Technischen Akustik*,
Fachwissen Technische Akustik, DOI 10.1007/978-3-662-55409-8_3

Tab. 1 Vergleich zwischen BEM und FEM

BEM	FEM
Diskretisierung der Oberfläche	Diskretisierung des Gebiets
Innenraum- und Außenraumprobleme können behandelt werden. Auftreten kritischer Frequenzen bei Außenraumproblemen.	Innenraumprobleme können behandelt werden. Außenraumprobleme erfordern spezielle Verfahren wie absorbierende Randbedingungen oder „halbunendliche" Elemente.
Voll besetzte, komplexe Matrizen	Dünn besetzte Bandmatrizen
Geeignet für tiefe und mittlere Frequenzen	Geeignet für tiefe und mittlere Frequenzen

Die Abschn. 2 und 3 zur BEM und zur ESM stammen von M. Ochmann, die Abschn. 4 und 5 zur FEM von S. Lippert und O. von Estorff.

2 Die Randelementemethode (BEM)

Die akustische Randelementemethode, die gebräuchlicher mit dem englischen Namen Boundary-Elemente-Methode bezeichnet wird (Abkürzung BEM), wird zur Berechnung von Schallfeldern in Außen- und Innenräumen verwendet. Abstrahl- und Streuprobleme, Transmissions- und gekoppelte Fluid-Struktur-Probleme und viele weitere Fragestellungen, die auf akustischen – und auch auf anderen – Wellengleichungen beruhen, können mit der BEM behandelt werden. Überblicksdarstellungen findet man in [1–6].

2.1 Grundlagen der BEM

Randintegralgleichungen

Die BEM beruht auf der Diskretisierung von Integralgleichungen, die mit Hilfe von Integralsätzen aus den die physikalischen Wellenvorgänge beschreibenden, partiellen Differentialgleichungen hergeleitet werden [1–6]. Von daher handelt es sich um eine wellenbasierte Methode, bei der Beugungserscheinungen und Interferenzen berücksichtigt werden. Bei den meisten Formulierungen der akustischen BEM geht man von der reduzierten Wellengleichung, d. h. von der Helmholtzgleichung

$$\Delta p + k^2 p = 0 \tag{1}$$

im zweidimensionalen oder im dreidimensionalen Raum aus. Die Rechnungen finden dann im Frequenzbereich statt. Hierbei ist $k = \omega / c$ die Wellenzahl, ω die Kreisfrequenz, c die Schallgeschwindigkeit und Δ der Laplace-Operator. Im Weiteren wird die Zeitkonvention $\exp(j\omega t)$ mit $j = \sqrt{-1}$ verwendet. Formulierungen im Zeitbereich führen auf die so genannte Zeitbereich-BEM. Auf diese wird kurz in Abschn. 2.5 eingegangen.

Aus der Helmholtzgleichung (1) kann man eine ganze Reihe von verschiedenen Integralgleichungen gewinnen. Man unterteilt diese in direkte und indirekte Verfahren [3, 7, 8], die z. B. mit DBEM und IBEM ([3], S. 83) bezeichnet werden. Mit indirekten Verfahren können z. B. auch sehr dünne schwingende Körper behandelt werden. Als primäre Variablen verwenden diese Druck- und Schnelledifferenzen auf den verschiedenen Seiten der Oberfläche einer schallabstrahlenden oder streuenden Struktur, die auch als Potentialansätze bezeichnet werden und hier nicht weiter betrachtet werden sollen (siehe [2], Kap. 10 oder [3], Kap. 6). Direkte Verfahren sind einfacher zu formulieren, da die physikalischen Größen Druck und Schnelle in der Randintegralgleichung direkt auftauchen. Die sehr häufig in der Akustik verwendete Kirchhoffsche Integralgleichung KIG (auch Kirchhoff-Helmholtzsche Integralgleichung genannt) ist ein direktes Verfahren. Sie lautet allgemein im dreidimensionalen Außenraum für den komplexen Schalldruck in Abhängigkeit vom Beobachtungspunkt $x = (x_1, x_2, x_3)$

$$\iint_S \left[p(y) \frac{\partial g(x,y)}{\partial n(y)} - \frac{\partial p(y)}{\partial n(y)} g(x,y) \right] ds(y)$$

$$= \begin{cases} p(x), \; x \in B_e, & \text{(2a)} \\ \frac{1}{2} p(x), \; x \in S & \text{(2b)} \\ 0, \; x \in B_i & \text{(2c)} \end{cases} \tag{2}$$

$$g(x,y) = \frac{1}{4\pi\tilde{r}} e^{-jk\tilde{r}} \; \mathit{with} \; \tilde{r} = \|x - y\| \tag{3a}$$

ist hierbei die Greensche Funktion des freien dreidimensionalen Raumes, und $y = (y_1, y_2, y_3)$ bezeichnet immer einen Ortspunkt auf der schwingenden Oberfläche S (Abb. 1). Gl. (2a), (2b) und (2c) werden als äußere KIG, Oberflächen-KIG und innere KIG bezeichnet. Der Einfachheit halber wird angenommen, dass die einzige Quelle des Schallfeldes der mit der flächennormalen Komponente der Schnelle v schwingende Körper ist (tangentiale Bewegungen tragen zur Abstrahlung nicht bei). Hierbei gilt die Beziehung

$$\frac{\partial p}{\partial n} = -j\omega\rho v \tag{3b}$$

zwischen Schnelle und Druckgradienten. Zusätzlich einfallende Schallfelder werden in Abschn. 2.4 behandelt. Die weiteren Symbole in Gl. (2) und (3) bedeuten: $\rho =$ Dichte, $B_e =$ Außenraum und $B_i =$ Innenraum.

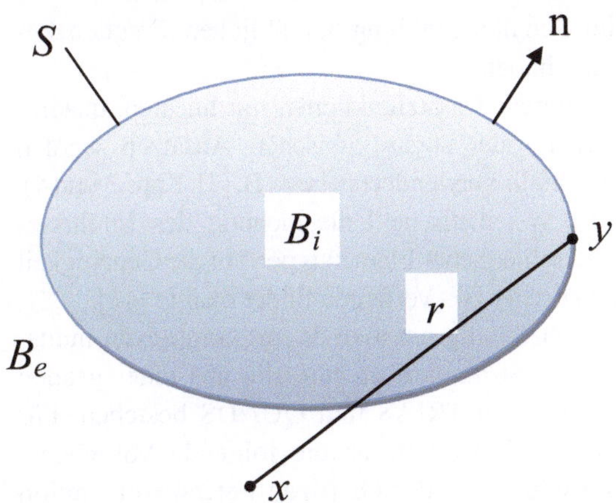

Abb. 1 Geometrie des Abstrahl- bzw. des Streuproblems

Es existiert auch eine analoge Integralgleichung für innere Feldprobleme, die in Abschn. 2.3 näher betrachtet wird. Man beachte, dass die innere KIG (2c) ein „Null-Feld" in B_i liefert, da die rechte Seite der Gleichung Null ist, welches natürlich keine physikalisch sinnvolle Lösung im Körperinneren darstellt. Eine solche Lösung wird dagegen von der KIG für innere Feldprobleme geliefert. Lösungen der KIG (2a, b) erfüllen automatisch die Sommerfeldsche Abstrahlungsbedingung. Viele Randelementeformulierungen in der numerischen Akustik basieren auf der Oberflächen-KIG, da es sich hierbei um eine Integralgleichung zweiter Ordnung handelt, die gute numerische Stabilitätseigenschaften aufweist (siehe [9]). Diskretisiert man die Oberflächen-KIG durch Zerlegung in finite Elemente, so erhält man ein lineares Gleichungssystem, das mit Hilfe von schnellen numerischen Lösungsalgorithmen sehr effektiv gelöst werden kann (siehe unten).

Die KIG (2) gilt unter der Bedingung, dass die Oberfläche S des schwingenden Körpers geschlossen und ausreichend glatt ist. Das bedeutet, dass eine eindeutige Tangentialebene an jedem Punkt $x \in S$ existieren muss. Sollte diese Voraussetzung nicht erfüllt sein – wenn der Punkt x z. B. auf einer Ecke oder einer Kante liegt – dann muss die KIG leicht modifiziert werden (siehe [10])

$$\iint_S \left[p(y) \frac{\partial g(x,y)}{\partial n(y)} - \frac{\partial p(y)}{\partial n(y)} g(x,y) \right] ds = \frac{C(x)}{4\pi} p(x), \tag{4a}$$

wobei

$$C(x) = 4\pi + \iint_S \frac{\partial}{\partial n(y)} \left(\frac{1}{\tilde{r}(x,y)} \right) ds(y) \tag{4b}$$

der von x aus gesehene Raumwinkel ist, den die Oberfläche an dieser Stelle bildet. Im Falle einer genügend glatten Oberfläche gilt $C(x) = 2\pi$ in Übereinstimmung mit Gl. (2b).

Die Berechnung des akustischen Feldes erfolgt in zwei aufeinander folgenden Schritten: Zuerst wird die Oberflächen-KIG gelöst, wodurch man sowohl den Schalldruck als auch die Normalschnelle auf der Strahleroberfläche enthält. Hier liegt der eigentliche Rechenaufwand, da ein komplexes, voll besetztes und unsymmetrisches Gleichungssystem gelöst werden muss.

Im zweiten Berechnungsschritt wird das Schallfeld im Außenraum mit Hilfe der äußeren KIG bestimmt. Da die Randgrößen $p(y), \partial p(y)/\partial n(y)$ für alle Punkte auf der Oberfläche $y \in S$ aus dem ersten Schritt bekannt sind, können diese in Gl. (2a) eingesetzt werden, und man erhält den Schalldruck $p(x)$ in einem Außenraumpunkt x durch eine einfache Integration über die Oberfläche S.

Die numerische Lösung der Oberflächen-KIG enthält zwei Schwierigkeiten. Die Gleichung besitzt einen schwach-singulären Kern und hat außerdem bei den so genannten kritischen Frequenzen keine eindeutige Lösung. Diese werden im nächsten Kapitel näher betrachtet. Die innere KIG (2c) leidet nicht an diesen Nachteilen. Es handelt sich jedoch hierbei um eine Integralgleichung der ersten Art, deren numerische Behandlung große Behutsamkeit und die Anwendung von Regularisierungsmethoden erfordert [7, 11].

Diskretisierung der Kirchhoffschen Integralgleichung

Um die Oberflächen-Randintegralgleichung (2b) numerisch zu lösen, muss diese diskretisiert und in ein lineares Gleichungssystem überführt werden. Zu diesem Zweck wird die Oberfläche S des schwingenden Körpers in N finite Oberflächenelemente $F_k \, (k = 1, \ldots, N)$ zerlegt. Die Erzeugung eines solchen Finite-Elemente-Netzes für kompliziert geformte Oberflächen kann mit speziellen Programmen, so genannten Preprozessoren erfolgen. Die meisten kommerziellen Programmpakete verfügen über derartige Schnittstellen zu den gängigen CAD-Formaten.

Um nun die in allen Integralgleichungen auftauchende Oberflächenintegration durchzuführen, kann man als einfachsten Ansatz den Schalldruck und dessen Normalgradienten (bzw. die Normalschnelle) als konstant über jeweils einem finiten Element betrachten. Ein solcher Ansatz ist eng verwandt mit der so genannten Kollokationsmethode, da jedem Elementmittelpunkt auf diese Weise ein bestimmter Druck- und Schnellewert zugeordnet wird.

Mit Hilfe des konstanten Ansatzes wird die KIG (2b) in das lineare $N \times N$ Gleichungssystem

$$DP + MV = P/2 \tag{5}$$

umgewandelt, wobei die Matrix $D = (d_{ik})$ aus den Dipoltermen

$$d_{ik} = \iint\limits_{F_k} \frac{\partial g(x_i, y)}{\partial n(y)} ds(y) \tag{6a}$$

und die Matrix $M = (m_{ik})$ aus den Monopoltermen

$$m_{ik} = j\omega\rho \iint\limits_{F_k} g(x_i, y) ds(y) \tag{6b}$$

besteht. Hierbei bezeichnet P den N-dimensionalen Vektor der Druckwerte in den Schwerpunkten der N Elemente, und V ist der entsprechende Vektor der Schnelle-Werte.

Oft werden ebene Dreieckselemente (häufig als TRIAS bezeichnet) und Viereckselemente (QUADS) benutzt. Die diskretisierte Oberfläche ist dann im Allgemeinen nicht glatt, sondern sie weist Ecken und Kanten auf. Jedoch ist es nicht nötig, die kompliziertere Gestalt (4) der KIG zu verwenden, wenn Druck und Schnelle nur in den Elementmittelpunkten ausgewertet werden. Außerdem können Ecken und Kanten als leicht gerundet betrachtet werden, da solche winzigen geometrischen Details kaum einen Einfluss auf die Schallabstrahlung im üblichen Frequenzbereich haben.

Höhere Ansatzfunktionen mit linearen, quadratischen oder sogar kubischen Ansätzen werden gleichfalls verwendet (siehe z. B. [3], Kap. 3 und 4). Eine systematische Untersuchung des Einflusses unterschiedlicher Elementtypen auf die Genauigkeit akustischer BE-Verfahren findet man in [12].

Sehr häufig hat man es mit komplexen industriellen Strukturen zu tun, die aus einer großen Anzahl von TRIAS und QUADS bestehen. Für solche FE-Modelle ist die folgende Vorgehensweise für die in den Gl. (6) auftretende Integration zu empfehlen: Wähle Variablen, die über einem einzelnen Element konstant sind, und transformiere jedes Element F_k auf das Einheitsdreieck oder das Einheitsviereck. Anschließend kann man ein Gaußsches Integrationsverfahren mit der gewünschten Genauigkeitsstufe anwenden ([3], Kap. 3 und 4).

Die durchschnittliche Größe eines Elements des Finite-Elemente-Gitters bestimmt die höchste Frequenz, bis zu der man rechnen kann. Als grobe Faustregel sollten mindestens sechs Elemente pro Wellenlänge verwendet werden, wenn man konstante oder lineare Elemente benutzt. Da die Wellenlängen auf der Struktur und im umgebenden Medium verschieden sein können, sollte von der kleineren von beiden ausgegangen werden. Eine detaillierte Diskussion dieser Regel findet sich in [13].

In Abb. 2 wird beispielsweise ein Oberflächengitter gezeigt, das aus 7869 QUADS und 42 TRIAS besteht. Dieses Gitter kann bis zu einer Helmholtzzahl von $ka \leq 21$ verwandt werden, wenn man mit a den Radius der entsprechenden Kugel bezeichnet.

Lösung des erzeugten linearen Gleichungssystems

Das Gleichungssystem (5) kann in der Gestalt

$$AP = F \tag{7}$$

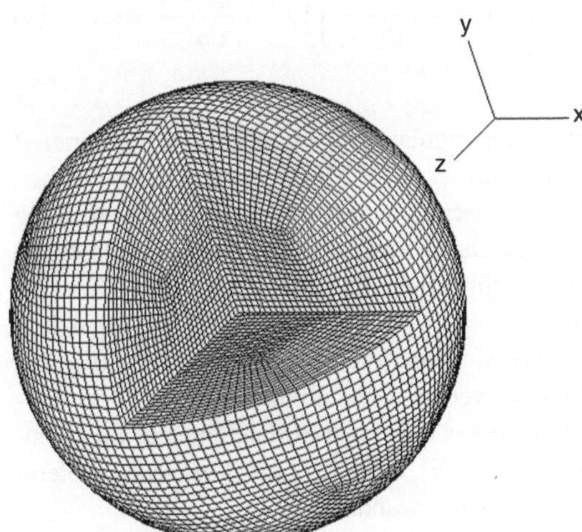

Abb. 2 Finite-Elemente-Netz eines einfachen dreidimensionalen Reflektors, auch Winkelspiegel oder Katzenauge genannt

geschrieben werden mit $A = D - 0,5I$ und $F = -MV$. Hierbei ist V der gegebene Schnellevektor und I ist die Einheitsmatrix. Die Matrix A ist voll besetzt, komplex und unsymmetrisch. Dies ist ein wesentlicher Nachteil der BEM im Vergleich zur FEM, die meistens auf symmetrische und schwach besetzte Matrizen führt. Dafür erfordert die BEM nur die Diskretisierung der Oberfläche, während für die FEM das gesamte Körpervolumen diskretisiert werden muss. Direkte Gleichungslöser wie das Gaußsche Eliminationsverfahren oder die LR-Zerlegung (siehe z. B. [14]) können je nach vorhandenem Hauptspeicher nur für Gleichungssysteme bis zu einigen zehntausend Unbekannten N empfohlen werden, da der numerische Aufwand mit N^3 ansteigt.

Falls die schwingende Struktur Symmetrien besitzt, können oft vereinfachte Randintegralgleichungen abgeleitet werden, die auf kleinere Gleichungssysteme führen. Dies ist beispielsweise für die Berechnung der Schallabstrahlung von rotationssymmetrischen Körpern möglich [15–17].

Bei größeren Systemen ohne nutzbare Symmetrieeigenschaften werden iterative Gleichungslöser verwendet, da diese – im Falle der Konvergenz – nur einen ungefähren numerischen Aufwand der Ordnung N^2 verursachen (vgl. auch Abschn. Iterative Kopplung). Genannt seien hier die häufig verwandte *Generalized Minimum Residual Method* (GMRES) [18–21] oder auch die Mehrgitterverfahren [22]. Im Zusammenspiel mit iterativen Lösern hat in den letzten Jahren die Fast-Multipole-Method (FMM) besondere Bedeutung erlangt. Mit Hilfe der FMM können durch Zerlegung der Greenschen Funktion in Multipole in Kombination mit iterativen Lösern sehr große akustische Strukturen behandelt werden wie z. B. ganze Flugzeuge oder Schiffe. Es handelt sich um ein aktuelles Forschungsgebiet mit vielen akustischen Anwendungen (s. Kap. 12 in [4] sowie [23, 24]).

Kritische Frequenzen und andere Singularitäten

Bei Integralgleichungsformulierungen für Außenraumprobleme tritt eine charakteristische Schwierigkeit auf: Es gibt so genannte kritische Wellenzahlen k_c bzw. entsprechende Frequenzen, bei denen die Integralgleichung überhaupt nicht oder nicht eindeutig lösbar ist. Dieses Phänomen ist schon seit langer Zeit bekannt [25] und kann folgendermaßen interpretiert werden: Lösungsschwierigkeiten treten dann auf, wenn der Innenraum des Strahlers zu Resonanzschwingungen angeregt wird [26]. Die Oberflächen-KIG besitzt zwar Lösungen bei den kritischen Wellenzahlen, jedoch sind diese nicht eindeutig bestimmt [9]. Das zugehörige lineare Gleichungssystem (7) ist sogar schlecht konditioniert, wenn k nur in der Nähe eines kritischen Werts liegt. Wächst die Frequenz und die Wellenzahl an, nimmt die Dichte der kritischen Werte zu und damit auch die Schwierigkeit, eine genaue Lösung zu erhalten. Zur Lösung dieses Problems werden hauptsächlich die *Combined-integral-equation-formulation* (CHIEF) von Schenck [9] oder die Burton-Miller-Methode (B&M) [27] eingesetzt. Die folgende Idee liegt der CHIEF-Methode zu Grunde: Bei den kritischen Wellenzahlen k_c hat die Oberflächen-KIG (2b) unendlich viele Lösungen. Man kann nun aber zeigen, dass die physikalisch relevante Lösung der Randgleichung (2b) die einzige ist, welche gleichzeitig auch die innere KIG (2c) erfüllt. Daher besteht die Idee der CHIEF-Methode darin, die Oberflächen-KIG auf S und die innere KIG in ausgewählten, im Inneren der Struktur liegenden Punkten – das sind die so genannten CHIEF-Punkte – simultan zu lösen:

$$\iint_S \left[p(y) \frac{\partial g(x,y)}{\partial n(y)} - \frac{\partial p(y)}{\partial n(y)} g(x,y) \right] ds = \frac{1}{2} p(x), \quad x \in S \tag{8a}$$

$$\iint_S \left[p(y) \frac{\partial g(x_i,y)}{\partial n(y)} - \frac{\partial p(y)}{\partial n(y)} g(x_i,y) \right] ds = 0, \quad x_i \in B_i \tag{8b}$$

Die Diskretisierung beider Integralgleichungen führt auf ein überbestimmtes Gleichungssystem: Wenn N Oberflächenelemente und M CHIEF-Punkte benutzt werden, so ergibt sich ein $(N+M) \times N$ System. Ein solches System kann mit Hilfe der Methode des kleinsten Fehlerquadrats gelöst werden. Ein alternatives Lösungsverfahren schlagen Rosen et al. in [28] vor. Die CHIEF-Methode ist einfach zu implementieren, von Nachteil ist aber die Einschränkung, dass die inneren Punkte x_i nicht auf Knotenlinien des inneren stehenden Wellenfeldes liegen dürfen. Dort werden diese CHIEF-Punkte unwirksam, da auf Knotenlinien der Druck von vornherein Null ist. Die Anzahl der Knotenlinien wächst auch mit zunehmender Frequenz an, und man benötigt desto mehr CHIEF-Punkte, je höher die Frequenz ist.

Bei der B&M-Methode wird eine Linearkombination der Oberflächen-KIG (2b) und ihrer in Normalenrichtung differenzierten Version verwendet, indem das jη-fache der differenzierten Gleichung (2b) zur Ursprungsgleichung (2b) addiert wird. In [27] wird gezeigt, dass diese Linearkombination eine eindeutige Lösung für alle reellen Wellenzahlen k besitzt unter der Bedingung, dass der reelle Kopplungsparameter η nicht Null ist. Neuere Untersuchungen zur Wahl der Kopplungsparameters wurden von Marburg in [29] durchgeführt. Eine Schwierigkeit der Methode besteht darin, dass die Ableitung des Doppelschicht-Potentials

$$(Tp)(x) := 2 \frac{\partial}{\partial n(x)} \iint_S p(y) \frac{\partial g(x,y)}{\partial n(y)} ds(y) \tag{9}$$

ein hypersingulärer Operator ist, der regularisiert werden muss. Zwei Möglichkeiten einer solchen Regularisierung werden in [27] diskutiert. Eine einfache Darstellung des hypersingulären Integralanteils für konstante Elemente findet man in [30].

Eine Methode, die die Vorteile von CHIEF und B&M zu vereinen scheint, ist die in der Elektrodynamik verwendete Dual-Surface-Integral-Equation-Method (DSIE), die in [31] auf akustische Problemstellungen angewandt wird.

Einen Überblick über weitere Regularisierungsverfahren geben Marburg und Wu in Kap. 15 von [4].

Diagonal-Singularitäten

Die betrachteten Oberflächen-Integralgleichungen enthalten Singularitäten, da die Greensche Funktion $g(x, y)$ und auch ihre Normalableitung für $x \to y$ singulär werden. Das geschieht auf der Diagonalen der Systemmatrix des zugeordneten Gleichungssystems. Die Oberflächen-KIG enthält zum einen den schwach-singulären Monopolterm m_{ii} (6b). Diese Singularität ist von der Ordnung $\tilde{r}^{-1} = \|x - y\|^{-1}$ und kann daher durch Einführung von Polarkoordinaten entfernt werden. Unter der Annahme, dass v über einer kleinen Kreisfläche vom Radius b_{i} mit Mittelpunkt x_{i} konstant ist, kann man für den Monopolterm (6b) schreiben [32]

$$\begin{aligned} m_{ii} &= j\omega\rho \iint\limits_{F_i} g(x_i, y) ds(y) \\ &= j\omega\rho \int\limits_0^{2\pi} \int\limits_0^{b_i} \frac{e^{-jkr}}{4\pi r} r dr d\phi, \end{aligned} \tag{10}$$

wobei b_{i} so gewählt werden muss, dass $\pi b_i^2 = F_i$ den Gesamtflächeninhalt des zum Punkt x_{i} gehörenden Elements F_{i} darstellt. Daher erhält man das folgende Ergebnis

$$m_{ii} = \frac{\rho c}{2} \left(1 - e^{-ikb_i}\right) \tag{11}$$

mit $b_i = \sqrt{F_i/\pi}$. Man beachte, dass die Gl. (13) und (17) aus [32] fehlerhaft sind.

Auch der Dipolterm d_{ii} in (6a) muss gesondert behandelt werden. Im Falle ebener Elemente ist

$$d_{ii} = 0, \tag{12}$$

da der Normalenvektor senkrecht zur gesamten Elementfläche und damit auch zu den zum Element komplanaren Vektoren $\vec{r} = x - y$ mit $x, y \in F_i$ ist. Somit gilt: $\vec{r} \perp n$. Dies aber bedeutet, dass

$$\partial\tilde{r}/\partial n = \frac{-\vec{r} \cdot n}{\tilde{r}} = 0 \tag{13}$$

ist (n = n(y)).

2.2 Berechnung der Schallabstrahlung

Die Berechnung des abgestrahlten Schallfeldes soll an einem einfachen Beispiel erläutert werden. Dazu betrachte man den Körper K in Abb. 3 und nehme an, dass dessen Berandung mit der Normalschnelle v eines im Körper gelegenen Dipols schwingt.

Diese Normalschnelle wird nun mittels Gl. (3b) in die KIG (2b) eingesetzt und das zugehörige lineare Gleichungssystem (5) für den komplexen Schalldruck auf allen Elementen gelöst, so dass damit sowohl die Normalschnelle als auch der Schalldruck auf der Oberfläche bekannt sind. Der in den Außenraum abgestrahlte Schalldruck kann nun durch eine einfache Integration mit Hilfe des Helmholtzintegrals (2a) in jedem beliebigen Punkt des Außenraums bestimmt werden. Weitere abgeleitete Größen wie z. B. die gesamte abgestrahlte Schallleistung P erhält man, indem man über die Strahleroberfläche S integriert:

$$P = P(p, v) = \frac{1}{2} \text{Re} \left\{ \iint\limits_S p(x)\, v^*(x)\, dx \right\}, \tag{14}$$

wobei mit Re die Realteilbildung und mit * der Übergang zum konjugiert komplexen Wert bezeichnet wird.

In [1] wird gezeigt, dass die abgestrahlte Schallleistung in guter Übereinstimmung mit der analytischen Lösung für einen Dipol außerhalb

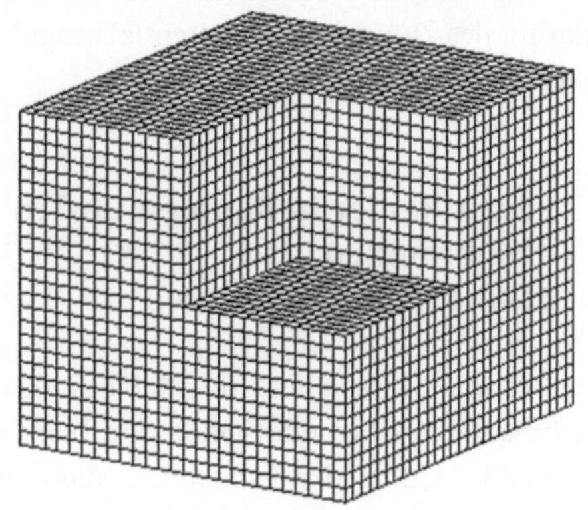

Abb. 3 Schallabstrahlende Struktur K

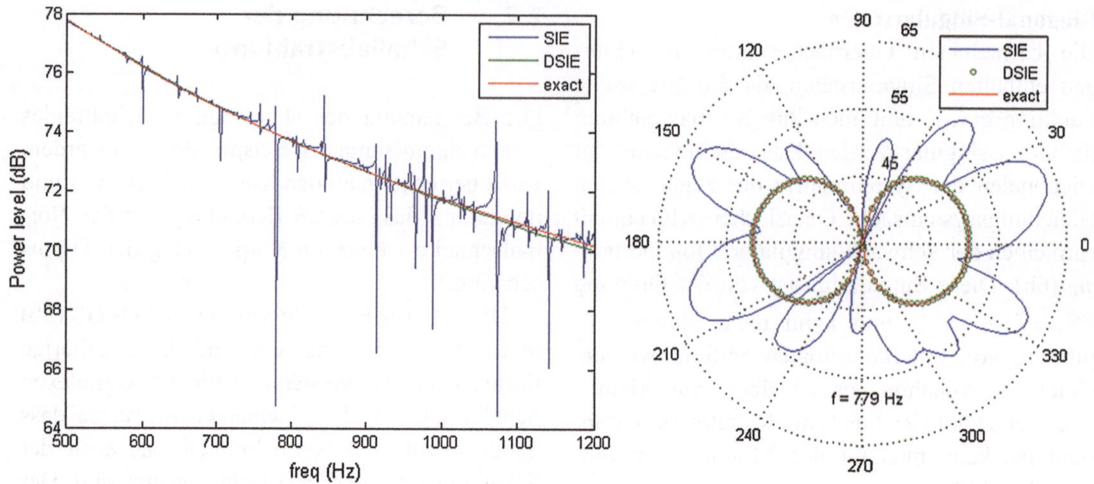

Abb. 4 Schallleistungspegel von K aus Abb. 3 (links) und Richtcharakteristik (rechts)

der kritischen Frequenzen berechnet werden kann (Abb. 4, linkes Bild). Mit Hilfe der DSIE [31] kann auch in den kritischen Frequenzen korrekt gerechnet werden. Dies zeigt die Richtcharakteristik bei $f = 779$ Hz in Abb. 4 rechts sehr anschaulich. Mit SIE (für surface integral equation) wird hier die direkte Oberflächenintegralgleichung (2b) bezeichnet.

Die hier exemplarisch gezeigte Vorgehensweise kann auch gleichzeitig für mehrere schwingende Strukturen mit beliebig gestalteter, geschlossener Oberfläche verwandt werden. Für offene Strukturen muss dagegen die indirekte BEM eingesetzt werden. Diese ist auch in der Monographie von Kirkup sehr gut erläutert [33]. Dort wird gleichfalls beschrieben, wie die Hypersingularität des Doppelschichtpotentials regularisiert werden kann.

2.3 Schallfelder in Räumen und in Halbräumen (Innenraumprobleme)

Die numerische Berechnung des Schallfeldes in einem Innenraum B_i ist ein Standardproblem der Raumakustik. Unter der Annahme, dass sich keine akustischen Quellen im Rauminneren B_i befinden und somit die Anregung des Schallfeldes allein durch schwingende Anteile der Raumbegrenzung S verursacht wird, gewinnt man durch die Anwendung des zweiten Greenschen Satzes auf die Helmholtz-Gl. (1)

$$\iint\limits_S \left[p(y)\frac{\partial g(x,y)}{\partial n(y)} - \frac{\partial p(y)}{\partial n(y)} g(x,y) \right] ds = \begin{cases} 0, \; x \in B_a & (15a) \\ -\frac{1}{2}p(x), \; x \in S & (15b) \\ -p, \; x \in B_i & (15c) \end{cases} \tag{15}$$

die Kirchhoffsche Integralgleichung (KIG) für das Innenraumproblem formuliert für den Druck p. Man sieht, dass sich die Gl. (2) und (15) durch das Vorzeichen des Normalenvektors n unterscheiden. Das Innenraumproblem besitzt keine kritischen Wellenzahlen oder Frequenzen, da das zugehörige Außenraumproblem keine diskreten Eigenwerte aufweist. Somit müssen die in Abschn. Kritische Frequenzen und andere Singularitäten beschriebenen Regularisierungsmethoden nicht angewandt werden. Natürlich weist das Innenraumproblem aber echte physikalische Eigenfrequenzen und damit auch Resonanzen auf. Rechnet man bei einer solchen Eigenfrequenz, wird die Lösung unendlich groß, da die Helmholtzgleichung keinen Dämpfungsterm enthält. Es gibt verschiedene Möglichkeiten, Dämpfung zu berücksichtigen. Beispielsweise kann man die Wellenzahl komplex ansetzen oder auch mit

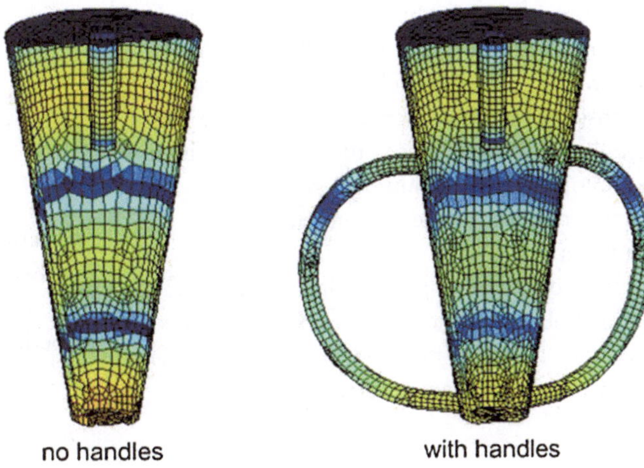

Abb. 5 Schalldruckpegel auf der Oberfläche eines Glasgefäßes mit und ohne Griffe. Das Modell wurde dankenswerterweise von Bandelin electronic GmbH & Co. KG zur Verfügung gestellt

Randimpedanzen rechnen, die Absorption beinhalten. Als ein Beispiel für ein Innenraumproblem ist das Schallfeld in zwei Ultraschallhomogenisatoren in Abb. 5 dargestellt (Einzelheiten findet man im [1]).

Vollständige Innenraumprobleme mit und ohne Fluid-Struktur-Kopplung werden häufig mit der FEM berechnet, da diese Methode insbesondere für beschränkte, endliche Gebiete sehr gut geeignet ist (vgl. Abschn. 4 und 5).

„Nicht vollständige" Innenraumprobleme wie z. B. Halbraumprobleme können dagegen in vielen Fällen besser mit der BEM als mit der FEM behandelt werden. Erste Anwendungen der BEM auf Halbräume findet man z. B. in [34]. In vielen Anwendungsbeispielen befindet sich nämlich der schallabstrahlende Körper oberhalb einer Ebene S_{plane}, deren akustisches Verhalten durch eine komplexe Oberflächenimpedanz beschrieben wird.

Eine derartige unendliche Ebene kann bequem in die Gleichungen der BEM integriert werden, indem eine so genannte Halbraum-Greensche Funktion

$$g_H(x,y) = \frac{1}{4\pi\tilde{r}} e^{-jk\tilde{r}} + R\frac{1}{4\pi\tilde{r}'} e^{-jk\tilde{r}'} \quad \text{with}$$
$$\tilde{r} = \|x-y\| \quad \text{and} \quad \tilde{r}' = \|x'-y\| \tag{16}$$

anstelle der Freifeld-Greenschen Funktion $g(x, y)$ in der Oberflächen-KIG (2b) verwendet wird. Hierbei ist x' der an der Ebene gespiegelte Bildpunkt von x im akustisch nicht relevanten zweiten Halbraum unterhalb der Ebene.

Für eine schallharte Ebene ist der Reflexionsfaktor $R = 1$ und für eine schallweiche Ebene ist $R = -1$. Für andere Werte von R ist Gl. (16) nur eine Approximation.

Die exakte Darstellung der Greenschen Funktion über einer allgemeinen Impedanzebene ist kompliziert und Inhalt von zahlreichen Publikationen. Einen Überblick über die Literatur findet man in [35]. In [36] wird diese Greensche Funktion über einer Impedanzebene als eine Überlagerung von Punktquellen, die sich an Quellorten mit komplexen Koordinaten befinden, formuliert. Das Vorteilhafte daran ist, dass die Integration in der KIG (2b) allein über die Strahleroberfläche S erstreckt werden muss. Die unendliche Ebene S_{plane} wird automatisch durch die spezielle Darstellung der Greenschen Funktion berücksichtigt. Weitere Details zur Verwendung der Greenschen Funktion für den Halbraum in der BEM zusammen mit Anwendungsbeispielen findet man in [37]. Man erhält einen Sonderfall, wenn der schwingende Körper die Ebene berührt. Dann muss der Koeffizient $C(x)$ in der KIG (4a), wie in [38] beschrieben, modifiziert werden.

Mit Hilfe von speziellen Greenschen Funktionen kann auch das Schallfeld in Rechteckräumen [39] sehr effizient berechnet werden. Ein solches Verfahren ist eine Alternative zur FEM, wenn komplex geformte abstrahlende Strukturen in großen Rechteckräumen betrachtet werden, da auch hier nur die Strahleroberfläche diskretisiert werden muss. Die Begrenzungsflächen des Raumes werden automatisch durch die spezielle Greensche Funktion berücksichtigt. Die FEM dagegen erfordert, dass das gesamte innere Raumvolumen in Volumenelemente wie z. B. Tetraeder- oder Hexaederelemente zerlegt werden muss.

Die Lösung von gekoppelten Innen-Außen-Raum-Problemen mit Hilfe der BEM wurde von Seybert et al. in [40] untersucht und ist mit dem Transmissionsproblem verwandt.

2.4 Streuung und Transmission

Das Streuproblem kann als ein äquivalentes Abstrahlungsproblem für den gestreuten Schalldruck p_s formuliert werden ([5], S. 1036). Eine explizite Randintegralgleichung für den Gesamtschalldruck $p = p_T = p_s + p_{in}$, der aus gestreutem und einfallendem Druck besteht, erhält man folgendermaßen: Die gestreute Welle p_s muss die Außenraumformulierung der KIG (2) erfüllen. Der einfallende Schalldruck p_{in} hat keine Singularitäten im Strahlerinneren B_i und genügt daher der Innenraumformulierung der KIG (15). Addiert man daher die Gl. (2) für p_s und die Gl. (15) für p_{in}, so erhält man

$$p_{in} + \iint_S \left[p(y) \frac{\partial g(x,y)}{\partial n(y)} - \frac{\partial p(y)}{\partial n(y)} g(x,y) \right] ds = \begin{cases} p(x),\ x \in B_e & \text{(a)} \\ \frac{1}{2} p(x),\ x \in S & \text{(b)} \\ 0,\ x \in B_i & \text{(c)} \end{cases} \quad (17)$$

für den Gesamtdruck p. Beispielsweise erhält man für einen schallharten Streukörper wegen $\partial p / \partial n = 0$ die Randintegralgleichung

$$p(x) = 2 \iint_S p(y) \frac{\partial g(x, y)}{\partial ny} ds(y) + 2p_{in} \quad (18)$$

Für eine beliebige Schnelleverteilung v auf der Oberfläche nimmt Gl. (17b) die Gestalt

$$p(x) = 2 \iint_S p(y) \frac{\partial g(x, y)}{\partial n(y)} ds(y) + 2 \iint_S j\omega\rho v(y) g(x, y) ds(y) + 2p_{in} \quad (19)$$

an. Damit erhält man für das allgemeine Impedanz-Randwertproblem mit der normalen Oberflächenimpedanz $Z = p/v$ bzw. der normalisierten Impedanz $Z_0 = Z/(\rho c)$

$$p(x) = 2 \iint_S p(y) \frac{\partial g(x, y)}{\partial n(y)} ds(y) + 2 \iint_S \frac{jk}{Z_0(y)} p(y) g(x, y) ds(y) + 2p_{in} \quad (20)$$

für einen so genannten Impedanzstreuer. Die lokale Impedanz $Z_0(y)$ kann hierbei von Oberflächenpunkt zu Oberflächenpunkt variieren. Streuberechnungen für solche Strukturen mit variabler Oberflächenimpedanz, die mit Hilfe eines iterativen BE-Lösers (siehe Kap. 2.1.3) durchgeführt wurden, findet man beispielsweise in [41].

Transmissionsprobleme, bei denen der Schall durch ein Medium oder auch durch mehrere Medien hindurchtritt, kommen in der Praxis häufig vor und treten in vielfältiger Gestalt auf. Soll z. B. das Einfügungsdämmmaß von Bauteilen bestimmt werden, so muss das Schallfeld im Senderaum, im Empfangsraum und im dazwischenliegenden Bauteil (Fenster, Wand etc.) bestimmt werden. Diese Berechnungen können mit einer gekoppelten BEM-FEM-Methode durchgeführt werden, wobei der Luftschall mit Hilfe der BEM und der Körperschall im Bauteil mit Hilfe der FEM berechnet wird (siehe [1], [[2], Kap. 11–13], [[6], Kap. 20.7], [[4], Kap. 19], [42]).

2.5 Weitere Anwendungen der BEM

Einen Überblick über weitere Anwendungen findet man z. B. in [1]. Die BEM (ohne Kopplung mit der FEM) kann auch auf Probleme angewandt werden, bei denen sowohl Fluide als auch elastische Körper wie z. B. bei geschichteten Strukturen auftreten (s. [[43], Kap. 13], [44, 45]). Allgemein spricht man hierbei von der Mehrbereichs-BEM oder Multi-Domain-BEM [[4], Kap. 13]. Zahlreiche Anwendungen befassen sich mit strömungs- und thermoakustischen Problemen ([1], [46–48], [[49], Kap. 4]). Als Beispiel sei die Bestimmung von Schallfeldern in durchströmten Rohren oder bei Verbrennungsvorgängen genannt. Transiente Vorgänge wie Abbrems- und Beschleunigungsvorgänge können behandelt werden, indem die BEM in hinreichend kleinen Schritten Frequenz für Frequenz gelöst und anschließend durch inverse Fouriertransformation in den Zeitbereich überführt wird. Eine Alternative hierzu besteht darin, die BEM direkt im Zeitbereich zu formulieren und zu lösen (s. [[2], Kap. 4], [[3], Kap. 8], [[4], Kap. 18], [[43], Kap. 4], [50] und [51] für Halbraumformulierungen im Zeitbereich). Da hierbei Stabilitätsprobleme auftreten können [52], wird diese so genannte Zeitbereich-BEM (Engl.: Time-Domain-BEM = TBEM) weitaus seltener als die länger erprobten Formulierungen der BEM im Frequenzbereich angewandt. Die inverse BEM wie z. B. die nearfield acoustic holography (NAH) wird verwendet, um mit Hilfe von Messungen oder Rechnungen im Schallfeld die zugrunde liegenden Schallquellen zu charakterisieren und zu identifizieren [[4], Kap. 20]. Spezielle BEM-Formulierungen für hohe Frequenzen führen auf die Plane-Wave-Method oder Kirchhoffsche Approximation [53]. Die Methode der physikalischen Theorie der Beugung (physical theory of diffraction) ist eine asymptotische Methode für hohe Frequenzen, wobei die Kirchhoffsche Approximation mit analytischen Ausdrücke für kanonische Beugungsprobleme (wie z. B. Beugung an keilförmigen Körpern) kombiniert wird, und geht auf Ufimtsev zurück [54].

3 Ersatzstrahlermethode (ESM)

Die Ersatzstrahlermethode gehört zu den Methoden der gewichteten Residuen. Es wird angenommen, dass die Ansatzfunktionen, d. h. die sogenannten Ersatzstrahler wie z. B. Monopole und Dipole, die Helmholtzgleichung exakt, aber die Randbedingungen nur näherungsweise erfüllen, so dass ein Randfehler (Residuum) verbleibt. Diese Methode ist unter vielen unterschiedlichen Namen bekannt wie z. B. Multipolstrahlersynthese [55], Superpositionsmethode [56–58], Multipolmethode [59, 60], Kugelfeldsynthese [61, 62], Trefftz-Methode [63], Ersatzstrahlermethode (im Englischen: Equivalent source method) [64], [65], Methode der Fundamentallösungen (method of fundamental solutions) [66], Methode der Hilfsquellen (method of auxiliary sources) [67], source substitution method (in Kap. 10 „Numerical Methods" von [68]), source simulation technique [69] etc.

Die Grundidee der ESM besteht darin, die schwingende Struktur (mit der Oberfläche S, dem Inneren B_i und dem Äußeren B_a) durch ein System von einfachen, analytisch beschreibbaren, akustischen Quellen zu ersetzen, die sich im Innern des Körpers befinden sollen und welche die auf der Körperoberfläche vorgegebene normale Schnelle v_n oder eine damit verwandte Größe möglichst gut approximieren. Dies ist schematisch in Abb. 6 dargestellt. Das sich außerhalb des Körpers einstellende Schallfeld ist dann bis auf einen Fehler gleicher Größenordnung mit dem wahren Schallfeld identisch.

Einen Überblick über Theorie und Anwendungen der ESM findet man in [[2], Kap. 7], [[5], Kap. O.4] und in [70]. Die einzelnen Schritte des Verfahrens für das Abstrahlproblem sollen hier kurz aufgeführt werden:

a) Für den Schalldruck im Außenraum wird der Ansatz

$$p_A(x) = \sum_{m=1}^{N} c_m \psi_m \tag{21}$$

gewählt mit den unbekannten Koeffizienten c_m. Die Ansatzfunktionen ψ_m müssen die Helmholtzgleichung und die Sommerfeldsche Ausstrahlungsbedingung erfüllen.

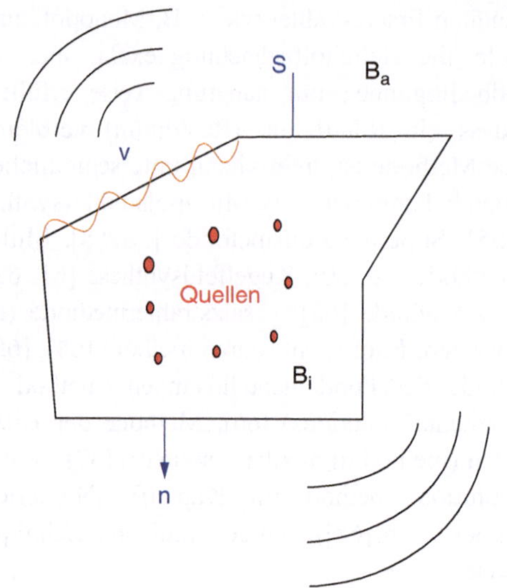

Abb. 6 Ersatzquellen im Inneren eines schwingenden Körpers

b) Man bilde nun das Residuum auf der Körperoberfläche S

$$\varepsilon = v_n - v_{nA} = v_n - \frac{-1}{j\omega\rho}\frac{\partial p_A}{\partial n}$$
$$= v_n + \frac{1}{j\omega\rho}\sum_{m=1}^{N} c_m \frac{\partial \psi_m}{\partial n} \qquad (22)$$

Dabei ist v_{nA} die von den Ansatzfunktionen erzeugte Normalschnelle.

c) Man multipliziert das Residuum mit N noch zu wählenden Gewichtsfunktionen w_i, integriert das Ergebnis über die Strahleroberfläche und setzt zur Fehlerminimierung das Resultat gleich Null

$$\iint_S \varepsilon w_i ds = 0 \ d.h. \ \sum_{m=1}^{N} c_m \alpha_{im} = -j\omega\rho\beta_i$$
$$i = 1, 2, \ldots N. \qquad (23)$$

Dabei sind

$$\alpha_{ik} = \iint_S w_i \frac{\partial \psi_k}{\partial n} ds, \quad \beta_i = \iint_S w_i v_n ds \qquad (24)$$

d) Die Lösung des linearen Gleichungssystems (23) liefert die gesuchten Amplituden c_m. Mit Hilfe von Gl. (21) kann man den Schalldruck an jeder Stelle des Außenraums berechnen. Weitere Größen wie die abgestrahlte Schalleistung, Abstrahlgrad etc. ergeben sich aus den bekannten Definitionen.

Für die konkrete Rechnung müssen die Funktionen ψ_m und w_i geeignet gewählt werden.

Multipole als Ansatzfunktionen Dreidimensionale Multipole sind die Wellenfunktionen in Kugelkoordinaten r, ϑ, ϕ

$$\psi_{nm}^{c,s}(x) = h_n^{(2)}(kr) P_n^m(\cos\vartheta) \begin{Bmatrix} \cos m\varphi \\ \sin m\varphi \end{Bmatrix}, \qquad (25)$$

wobei mit $h_n^{(2)}$ die sphärischen Hankelfunktionen 2. Art der Ordnung n und mit P_n^m die zugeordneten Legendreschen Polynome bezeichnet werden [71]. Der Ursprung des Koordinatensystems, also der Ort der Multipole, sollte möglichst in die „Mitte" des Strahlers gelegt werden. Häufig reicht es aus, nur wenig Multipole – 10 bis 20 – zu verwenden, insbesondere für die Berechnung der Abstrahlung in das Fernfeld. Es ist zu beachten, dass die Diskretisierung der Strahleroberfläche desto feiner sein muss, je höher die Ordnung der Multipole ist, um deren Richtcharakteristik auch richtig abzubilden.

Für Strahler, die stark von der Kugelform abweichen wie z. B. zylinderförmige Strahler, empfiehlt es sich, Multipole mit verschiedenem Ursprung zu benutzen und diese gleichmäßig im Strahlerinneren zu verteilen. Es reicht meistens aus, allein mit einer Verteilung von Monopolen und Dipolen zu arbeiten, womit das Verfahren der Lösung der diskretisierten Kirchhoffschen Integralgleichung für den Innenraum (2c) ähnelt (s. [11]). Da Gl. (2c) eine Integralgleichung der ersten Art ist, die auf schlecht konditionierte Gleichungssysteme führt, kann dieser unerwünschte Effekt auch bei der ESM auftreten, wenn die Anzahl der Quellpunkte anwächst. In [11] wird die nahe Verwandtschaft zwischen der

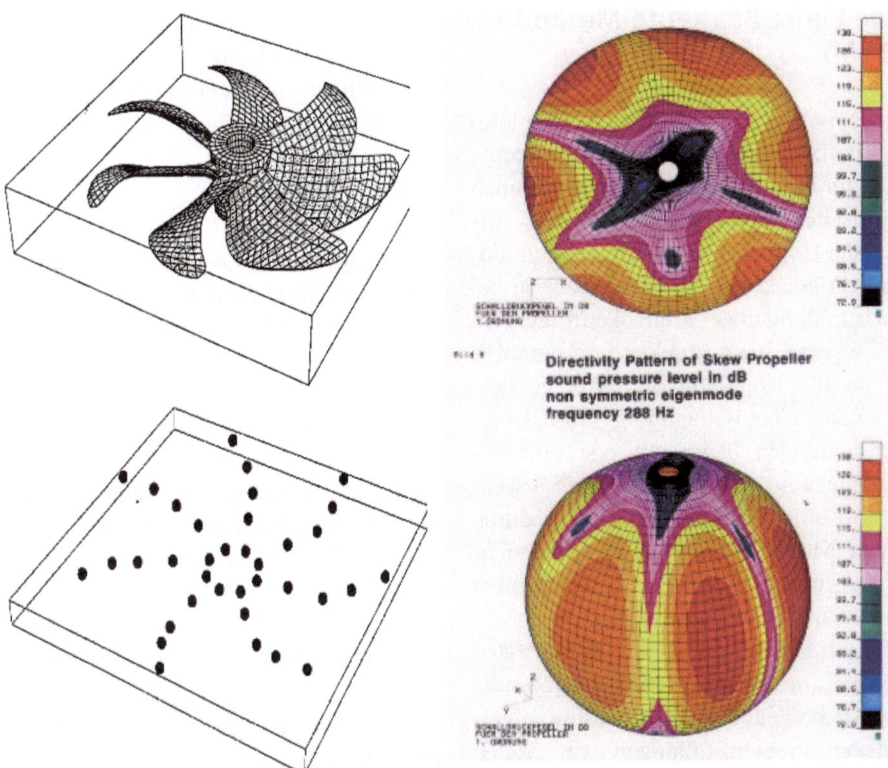

Abb. 7 Modell des Propellers, äquivalentes Quellsystem, Schalldruckpegel in dB auf einer umhüllenden Kugel bei 288 Hz

ESM und Integralgleichungsmethoden explizit hergeleitet und untersucht. In [46, 49] wurden sowohl die ESM als auch die BEM parallel angewandt, um Verbrennungslärm numerisch zu simulieren.

Wahl der Gewichtsfunktionen Je nach Wahl der Gewichtsfunktionen erhält man verschiedene Varianten der ESM. Kommen die konjugiert komplexen Normalableitungen der Ansatzfunktionen als Gewichtsfunktionen zum Einsatz (* bezeichnet den konjugiert komplexen Wert)

$$w_i = \left(\frac{\partial \psi_i}{\partial n}\right)^*, \qquad (26)$$

so wird die mittlere quadratische Abweichung zwischen v_n und v_{nA} minimiert. Alternative Gewichtsfunktionen mit den zugehörigen Varianten der ESM findet man in [69, 70] oder in [[2], Kap. 7], [[5], Kap. O.4]. In Abb. 7 ist ein schwingender Propeller mit der Lage der zugehörigen Ersatzstrahler und einer 3D-Richtcharakteristik gezeigt. Die Einzelheiten dazu sind in [59] und [69] angegeben.

Mit Hilfe der ESM können nicht nur die Schallabstrahlung und die Schallstreuung in den unbegrenzten dreidimensionalen Raum berechnet werden. Das Verfahren ist auch dazu geeignet, andere akustische Probleme zu behandeln. Beispielsweise können zweidimensionale Schallfelder, Probleme mit speziellen Symmetrien wie axiale oder zyklische Symmetrie, Schallfelder in Innenräumen oder in Halbräumen und die Schallabstrahlung von elastischen Strukturen berechnet werden. Derartige Anwendungen und Ausblicke auf neue Anwendungsfelder werden in [70] beschrieben.

4 Die Finite-Elemente-Methode (FEM)

In diesem Kapitel werden zunächst die grundlegenden Formulierungen der finiten Elemente (FE) sowohl für eine elastische Struktur als auch für ein akustisches Fluid hergeleitet. Darauf aufbauend wird der Umgang mit unbegrenzten Fluidgebieten beschrieben, wie sie beispielsweise bei der Schallabstrahlung in ein Freifeld auftreten. Im Abschn. 5 werden dann direkte und iterative Methoden für die Kopplung der zwei Gebiete erläutert, welche eine Behandlung vibroakustischer Fragestellungen überhaupt erst ermöglichen. Weiterhin wird auf die effiziente Verwendung der resultierenden FE-Modelle durch Nutzung von Modellordnungsreduktionsverfahren sowie die effiziente Lösung des entstehenden linearen Gleichungssystems eingegangen.

Die FEM gilt heutzutage als die am weitesten verbreitete und am universellsten einzusetzende numerische Methode und wird zur Lösung diverser komplexer Problemstellungen auf vielen unterschiedlichen Gebieten verwendet. Typische Anwendungen sind u. a. lineare und nicht-lineare Strukturanalysen, Wärmeleitungsprobleme, strömungstechnische Fragestellungen und Crash-Simulationen. Gekoppelte Formulierungen werden, ähnlich zu den vibroakustischen Methoden, beispielsweise für elektromagnetische Berechnungen eingesetzt.

Eine detaillierte Herleitung der generellen FE-Modellierung ist in diesem Kapitel nicht beabsichtigt. Es wird angenommen, dass der Leser mit den allgemeinen Grundlagen der FEM vertraut ist. Der Fokus liegt vielmehr auf der zeitharmonischen Modellierung von vibroakustischen Systemen, welche sich für viele typische Fragestellungen anwenden lässt. Hinsichtlich der allgemeinen Herleitung sowie für weitergehende Betrachtungen sei auf die einschlägige Literatur verwiesen. Umfangreiche Einführungen in die FEM-Theorie können zum Beispiel den Ausführungen von [72–75] entnommen werden. Einen tieferen Einblick in die Fluid- und Vibroakustik-Simulation liefern u. a. [76–78]. Weitere ausführliche Studien bzgl. der FEM für gekoppelte Abstrahlungs- und Transmissionsprobleme sind in [79–85] enthalten.

Es sei angemerkt, dass in den Abschn. 4 und 5 Vektoren und Matrizen entsprechend der in der FEM oftmals verwendeten Notation fett gedruckt dargestellt werden.

4.1 Struktur

Die maßgeblichen Gleichungen für eine elastische Struktur können mit Hilfe des klassischen *Prinzips der virtuellen Arbeit* abgeleitet werden, wobei auch die Dämpfungs- und Trägheitseffekte berücksichtigt werden müssen: „Ist ein elastischer Körper im Gleichgewicht, so gilt für jede noch so kleine virtuelle Verschiebung, welche die Kompatibilität und die wesentlichen Randbedingungen erfüllt, dass die virtuelle Arbeit der äußeren Kraftgrößen gleich der virtuellen Arbeit der inneren Kraftgrößen sein muss.“ Mit anderen Worten, die Arbeit der äußeren Volumenkräfte $\mathbf{f}_B$, Oberflächenkräfte $\mathbf{f}_S$ und Einzellasten $\mathbf{F}_i$ wird durch die Arbeit aufgrund der inneren Kräfte sowie der Trägheitskräfte und der viskosen Kräfte kompensiert. Betrachtet man nun ein einziges finites Element, kann das Gleichgewicht für eine beliebige virtuelle Verschiebung $\delta\mathbf{u}$ und die zugehörigen Dehnungen $\delta\boldsymbol{\varepsilon}$ als

$$\begin{aligned}\int\limits_{\Omega_e} \delta\mathbf{u}^T\mathbf{f}_B dV + \int\limits_{\Gamma_e} \delta\mathbf{u}^T\mathbf{f}_S dS + \sum_{i=1}^{n} \delta\mathbf{u}_i{}^T\mathbf{F}_i \\ = \int\limits_{\Omega_e} \delta\boldsymbol{\varepsilon}^T\boldsymbol{\sigma} + \delta\mathbf{u}^T\rho\ddot{\mathbf{u}} + \delta\mathbf{u}^T\chi\dot{\mathbf{u}}\, dV\end{aligned} \tag{27}$$

ausgedrückt werden, wobei ρ die Massendichte und χ ein Dämpfungsparameter analog zur Viskosität ist.

Durch Anwendung der allgemeinen Ansatzfunktionen der FEM [74] können die Verschiebungen $\mathbf{u}$ und ihre zeitlichen Ableitungen durch

$$\begin{aligned}\mathbf{u} &= \sum_{i=1}^{n} H_i\mathbf{u}_i = \mathbf{Hd} \\ \dot{\mathbf{u}} &= \sum_{i=1}^{n} H_i\dot{\mathbf{u}}_i = \mathbf{H}\dot{\mathbf{d}} \\ \ddot{\mathbf{u}} &= \sum_{i=1}^{n} H_i\ddot{\mathbf{u}}_i = \mathbf{H}\ddot{\mathbf{d}}\end{aligned} \tag{28}$$

beschrieben werden.

Abhängig von der Elementformulierung erlauben die Ansatzfunktionen, die in der Matrix **H** enthalten sind, die Interpolation der Verschiebungen **u** an jedem beliebigen Punkt innerhalb eines Elements in Abhängigkeit von den Knotenverschiebungen $\mathbf{u}_i$, welche hier im Vektor **d** zusammengefasst sind. Die Art und die Ordnung der Ansatzfunktionen beeinflussen dabei direkt die Genauigkeit der Lösung.

Eine mehrfache partielle Ableitung der ersten Relation aus Gl. (28) erlaubt nun eine Dehnungsdefinition in Abhängigkeit der Knotenverschiebungen **d** gemäß

$$\boldsymbol{\varepsilon} = \widetilde{\nabla}\mathbf{H}\mathbf{d} = \mathbf{B}\mathbf{d} \tag{29}$$

mit dem Matrix-Differenzialoperator

$$\widetilde{\nabla}T = \begin{bmatrix} \frac{\partial}{\partial x} & 0 & 0 & \frac{\partial}{\partial y} & 0 & \frac{\partial}{\partial z} \\ 0 & \frac{\partial}{\partial y} & 0 & \frac{\partial}{\partial x} & \frac{\partial}{\partial z} & 0 \\ 0 & 0 & \frac{\partial}{\partial z} & 0 & \frac{\partial}{\partial y} & \frac{\partial}{\partial x} \end{bmatrix} \tag{30}$$

und der Dehnungs-Verschiebungs-Matrix **B**.

Unter Verwendung der Gl. (28) und (29) kann das Gleichgewicht der virtuellen Arbeit aus Gl. (27) umgeschrieben werden zu

$$\delta\mathbf{d}^T \left[\int_{\Omega_e} \rho\mathbf{H}^T\mathbf{H}\, dV\ddot{\mathbf{d}} + \int_{\Omega_e} \chi\mathbf{H}^T\mathbf{H}\, dV\dot{\mathbf{d}} + \int_{\Omega_e} \mathbf{B}^T\boldsymbol{\sigma}\, dV - \int_{\Omega_e} \mathbf{H}^T\mathbf{f}_B dV - \int_{\Gamma_e} \mathbf{H}^T\mathbf{f}_S dS - \sum_{i=1}^{n}\mathbf{F}_i \right] = 0\,, \tag{31}$$

wobei Gl. (31) analog zu einer gedämpften Schwingung in die Form

$$\mathbf{m}\ddot{\mathbf{d}} + \mathbf{c}\dot{\mathbf{d}} + \mathbf{r}_{\text{int}} = \mathbf{r}_{ext} \tag{32}$$

gebracht werden kann. Dabei ergeben sich die inneren Kräfte an den Knoten zu

$$\mathbf{r}_{\text{int}} = \int_{\Omega_e} \mathbf{B}^T\boldsymbol{\sigma}\, dV \tag{33}$$

sowie die äußeren Kräfte zu

$$\mathbf{r}_{ext} = \int_{\Omega_e} \mathbf{H}^T\mathbf{f}_B dV + \int_{\Gamma_e} \mathbf{H}^T\mathbf{f}_S dS + \sum_{i=1}^{n}\mathbf{F}_i. \tag{34}$$

In der zeitharmonischen Vibroakustik treten in der Regel Fragestellungen auf, die auf die linearelastische Theorie begrenzt sind. Die inneren Knotenkräfte lassen sich somit gemäß des Hookeschen Gesetzes durch $\mathbf{r}_{\text{int}} = \mathbf{k}\mathbf{d}$ berechnen, wobei **k** die Elementsteifigkeitsmatrix ist. Unter Verwendung der Standarddefinition für die Steifigkeitsmatrix **k** eines linear-elastischen finiten Elementes, welche sich einfach mit einem Potentialansatz ableiten lässt [73, 74], ergeben sich Gl. (31) und (32) schließlich zu

$$\mathbf{m}\ddot{\mathbf{d}} + \mathbf{c}\dot{\mathbf{d}} + \mathbf{k}\mathbf{d} = \mathbf{r}_{ext} \tag{35}$$

mit

$$\mathbf{m} = \int_{\Omega_e} \rho\mathbf{H}^T\mathbf{H}\, dV \tag{36}$$

$$\mathbf{c} = \int_{\Omega_e} \chi\mathbf{H}^T\mathbf{H}\, dV \tag{37}$$

$$\mathbf{k} = \int_{\Omega_e} \mathbf{B}^T\mathbf{E}\mathbf{B} dV, \tag{38}$$

wobei **E** die Elastizitätsmatrix ist.

Unter Annahme einer zeitharmonischen Schwingung lassen sich somit die ersten beiden Ableitungen des Knotenverschiebungsvektors **d** durch

$$\dot{\mathbf{d}} = i\omega\mathbf{d} \text{ und } \ddot{\mathbf{d}} = -\omega^2\mathbf{d} \tag{39}$$

ausdrücken, wobei ω die Kreisfrequenz darstellt.

Es sollte erwähnt werden, dass nun $\mathbf{d} \in \mathbb{C}$ ist. Mit den Gl. (35) und (39) lässt sich das globale Gleichungssystem für die Struktur schließlich zusammenfassen zu

$$[-\omega^2\mathbf{M}_{str} + \mathrm{i}\omega\mathbf{C}_{str} + \mathbf{K}_{str}]\mathbf{D} = \mathbf{R}_{str,ext}. \tag{40}$$

Zur Berücksichtigung einer realistischen Strukturdämpfung ist die viskositätsbasierte Definition aus Gl. (37) nicht sehr geeignet. Um die Strukturdämpfung in der FEM adäquat berücksichtigen zu können besteht bisher kein universell einsetzbarer Ansatz, obwohl die Dämpfungsdefinition einen signifikanten Einfluss auf die Ergebnisse hat. Für viele typische Fragestellungen der Vibroakustik hat sich daher die Verwendung der sogenannten RAYLEIGH-Dämpfung, die auch proportionale Dämpfung genannt wird, als zielführender und praktikabler Ansatz herausgestellt (siehe auch z. B. [73], [74] und [86]). Die globale Dämpfungsmatrix wird dabei als eine gewichtete Kombination der globalen Steifigkeits- und Massenmatrizen definiert und berechnet sich gemäß

$$\mathbf{C} = \alpha_1 \mathbf{M} + \alpha_2 \mathbf{K}. \tag{41}$$

Die Gewichte α_1 und α_2 müssen abhängig von dem zu betrachtenden Frequenzbereich ausgewählt werden. Neben seiner einfachen Formulierung stellt der RAYLEIGH-Ansatz auch einen erheblichen numerischen Vorteil dar, wenn er in Verbindung mit einer modalen Reduktion benutzt wird, da in diesem Fall die Dämpfungsmatrix diagonal und damit das gesamte dynamische Gleichungssystem (40) entkoppelt wird (siehe Abschn. Modellordnungsreduktion).

4.2 Akustisches Fluid

In Ergänzung zur Struktur soll nun das akustische Problem für ein begrenztes Fluidgebiet Ω mit den konstanten Parametern Massendichte ρ_0 und Schallgeschwindigkeit c formuliert werden. Die Oberfläche Γ mit Normalenvektor $\mathbf{n}$ wird dabei unterteilt in drei eigene Sektionen Γ_D, Γ_N und Γ_R mit $\Gamma = \Gamma_D \cup \Gamma_N \cup \Gamma_R$, wobei $\Gamma_{\mathfrak{A}} \cap \Gamma_{\mathfrak{B}} = \varnothing$ mit $\mathfrak{A}, \mathfrak{B} \in \{D, N, R\}$, $\mathfrak{A} \neq \mathfrak{B}$ gilt (Abb. 8).

Das zugehörige Randwertproblem ergibt sich durch die zugrunde liegende HELMHOLTZ-GLEICHUNG, die die Wellenausbreitung innerhalb des Fluidgebietes beschreibt, sowie die DIRICHLET-, NEUMANN- und ROBIN-Randbedingungen auf den jeweiligen Oberflächensektionen gemäß

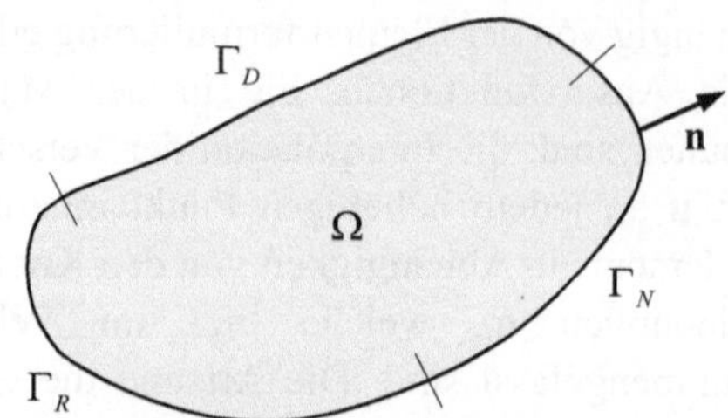

Abb. 8 Domäne und Randbedingungen des akustischen Problems für ein Fluidgebiet

$$\Delta p + k^2 p = 0 \quad \text{in } \Omega \tag{42}$$

$$p = p^0 \quad \text{auf } \Gamma_D \tag{43}$$

$$v_n = v_n^0 \quad \text{auf } \Gamma_N \tag{44}$$

$$\frac{p}{v_n} = Z^0 \quad \text{auf } \Gamma_R \tag{45}$$

mit Schalldruck p, Wellenzahl k, Normalschnelle v_n und Impedanz Z.

Da sich dieses Randwertproblem nur für Sonderfälle analytisch exakt lösen lässt, wird im Allgemeinen eine sogenannte schwache Form des Randwertproblems verwendet. Hierfür soll auf das Verfahren der gewichteten Residuen zurückgegriffen werden. Durch die Verwendung einer Näherungslösung für p ergeben sich dabei Residuen (d. h. Fehler gegenüber der exakten Lösung) sowohl in der Domäne Ω als auch auf Γ_N und Γ_R, wobei das Residuum auf Γ_D inhärent verschwindet. Mit einer zeitharmonischen Formulierung des NEWTONSCHEN Gravitationsgesetzes für das Fluid in alle drei Raumrichtungen gemäß

$$-\nabla p = i\omega\rho_0 \mathbf{v} \tag{46}$$

ergeben sich die Residuen zu

$$\varepsilon_1 = \Delta p + k^2 p \tag{47}$$

$$\varepsilon_2 = \frac{\partial p}{\partial \mathbf{n}} + i\omega\rho_0 v_n^0 \tag{48}$$

$$\varepsilon_3 = \frac{\partial p}{\partial \mathbf{n}} + i\omega \frac{\rho_0}{Z^0} p. \tag{49}$$

Durch Multiplikation dieser Residuen mit einer Wichtungsfunktion w und die Forderung, den integralen Fehler soweit wie möglich zu minimieren bzw. sogar ganz verschwinden zu lassen, erhält man

$$-\int_{\Omega}\left(\Delta p+k^2 p\right) w dV + \int_{\Gamma_N}\left(\frac{\partial p}{\partial \mathbf{n}}+i\omega\rho_0 v_n^0\right) w dS + \int_{\Gamma_R}\left(\frac{\partial p}{\partial \mathbf{n}}+i\omega\frac{\rho_0}{Z^0}p\right) w dS = 0. \tag{50}$$

Die Anwendung des GREENSCHEN Integralsatzes liefert zudem für den ersten Term

$$\int_{\Omega}\Delta \mathrm{pwdV} = \int_{\Gamma_D}\frac{\partial p}{\partial \mathbf{n}} w dS + \int_{\Gamma_N}\frac{\partial p}{\partial \mathbf{n}} w dS + \int_{\Gamma_R}\frac{\partial p}{\partial \mathbf{n}} w dS - \int_{\Omega}\nabla p \nabla w dV, \tag{51}$$

wobei das Integral über Γ_D zu Null wird, wenn die gewählten Wichtungsfunktionen den Ansatzfunktionen der Elemente entsprechen (GALERKIN-Methode). Setzt man nun Gl. (51) in Gl. (50) ein, folgt schließlich die schwache Form des Randwertproblems

$$\int_{\Omega}\left(\nabla p \nabla w - k^2 p w\right) dV + \int_{\Gamma_N} i\omega\rho_0 v_n^0 w dS + \int_{\Gamma_R} i\omega\frac{\rho_0}{Z^0} p w dS = 0. \tag{52}$$

Analog zur Struktur (siehe Gl. 28) werden Ansatzfunktionen verwendet, um den Schalldruck p an einem beliebigen Punkt innerhalb eines Elementes aus den Schalldrücken der Knoten mittels

$$p = \sum_{i=1}^{n} H_i p_i = \mathbf{H}\mathbf{p} \tag{53}$$

bestimmen zu können, wobei $\mathbf{H}$ die Ansatzfunktionsmatrix mit räumlicher Dimension d darstellt. Indem Gl. (53) auf den GALERKIN-Ansatz aus Gl. (52) angewendet wird, erhält man schließlich das lineare Gleichungssystem für ein einzelnes finites Element der Fluiddomäne entsprechend der Matrizendarstellung

$$\left[-\omega^2\mathbf{m}+\mathrm{i}\omega\mathbf{c}+\mathbf{k}\right]\mathbf{p} = -\mathrm{i}\omega\mathbf{r}_{ext} \tag{54}$$

mit

$$\mathbf{m} = \int_{\Omega_e}\frac{1}{c^2}\mathbf{H}^T\mathbf{H}\, dV \tag{55}$$

$$\mathbf{c} = \int_{\Gamma_{R,e}}\frac{\rho_0}{Z^0}\mathbf{H}_S{}^T\mathbf{H}_S\, dS \tag{56}$$

$$\mathbf{k} = \int_{\Omega_e}\nabla\mathbf{H}^T\nabla\mathbf{H} dV = \int_{\Omega_e}\mathbf{B}^T\mathbf{B} dV \tag{57}$$

$$\mathbf{r}_{ext} = \int_{\Gamma_{N,e}}\rho_0 v_n^0\mathbf{H}_S{}^T dS, \tag{58}$$

wobei $\mathbf{H}_S$ die betreffende (d-1)-dimensionale Ansatzfunktionsmatrix für die Oberfläche ist.

Die Elementmatrizen werden schließlich wieder in einem globalen Gleichungssystem zusammengefasst, so dass das zeitharmonische Verhalten der gesamten Fluiddomäne durch

$$\left[-\omega^2\mathbf{M}_{fl}+\mathrm{i}\omega\mathbf{C}_{fl}+\mathbf{K}_{fl}\right]\mathbf{P} = -\mathrm{i}\omega\mathbf{R}_{fl,ext} \tag{59}$$

beschrieben werden kann. Es ist zu beachten, dass in den Gl. (54) und (59) dieselben Symbole **m**, **c**, **k** bzw. **M**, **C**, **K** wie für die Struktur verwendet worden sind, da die Gleichungssysteme für Struktur und Fluid grundsätzlich gleichartig aufgebaut sind. Dementsprechend werden diese im Folgenden als Massen-, Dämpfungs- und Steifigkeitsmatrix bezeichnet, obwohl die physikalische

Bedeutung und die Maßeinheiten verschieden sein können. Das gleiche gilt für die Lastvektoren **r**, **R**. Um Verwechslungen zu vermeiden, werden die Systemmatrizen im Folgenden mit den Indizes *str* und *fl* für die Struktur bzw. das Fluid gekennzeichnet.

4.3 Unbegrenzte Fluidgebiete (Außenraumprobleme)

Bisher wurden alle Definitionen in Abschn. 4.2 für begrenzte Fluidgebiete, wie z. B. geschlossene Räume, Fahrzeugkabinen, Flüssigkeitstanks, etc. aufgestellt. Viele akustische Abstrahlungs-, Streuungs- und Schalldurchgangsphänomene stellen jedoch Außenraumprobleme dar und zeichnen sich durch das Vorhandensein von (halb-)unendlichen akustischen Gebieten aus. In diesem Fall muss die sogenannte SOMMERFELDSCHE Abstrahlungsbedingung für die HELMHOLTZ-Gleichung, bestimmt durch

$$\lim_{r\to\infty} r^{(d-1)/2}\left(\frac{\partial p}{\partial r}+\mathrm{i}kp\right)=0, \tag{60}$$

im akustischen Fluid erfüllt sein, wobei r die Radialkoordinate und d die Raumdimension ist (Details bezüglich Ableitung und Anwendung finden sich u. a. in [78] und [87]). Es sei angemerkt, dass die SOMMERFELDSCHE Abstrahlungsbedingung in Gleichung (60) im Allgemeinen aus einem Dämpfungs- und einem Abstrahlungsanteil besteht. Allerdings entspricht jede Funktion, die sowohl die HELMHOLTZ-Gleichung als auch die Abstrahlungsbedingung erfüllt, ebenfalls der Dämpfungsbedingung.

Beispiele für Fragestellungen, die unbegrenzte Fluidgebiete enthalten, sind unter anderem die Schallabstrahlung von Maschinen oder Fahrzeugen in die Umgebung oder auch der Schalleintrag und die Schallausbreitung im Erdboden. Umgekehrt kann die Übertragung des Umgebungsgeräusches in Gebäude oder des Triebwerkslärms in die Flugzeugkabine von Interesse sein. Darüber hinaus werden typische vibroakustische Eigenschaften einer Komponente, wie das Schallabstrahlungs- oder Schalldurchgangsvermögen, in der Regel für Freifeldbedingungen bestimmt.

Oftmals werden Außenraumprobleme mit der BEM oder mit gekoppelten FEM-BEM-Modellen behandelt, da die Abstrahlungsbedingung in der BEM-Formulierung implizit erfüllt ist. Dennoch ist auch eine Verwendung der FEM für unbegrenzte Fluidgebiete üblich. In diesem Fall wird eine künstliche Begrenzung $\mathfrak{B}$ eingeführt, welche das finite Berechnungsgebiet Ω von dem außerhalb dieses Gebietes verbleibenden Fluid abteilt. Im Allgemeinen wird $\mathfrak{B}$ mit speziellen Bedingungen oder Elementformulierungen behandelt, um sowohl ein reflexionsfreies Auslaufen von auftreffenden Wellen zu gewährleisten als auch einen Energierückstrom in die Domäne zu verhindern.

Der intuitivste Weg, um eine Unendlichkeitsbedingung herzustellen, wäre eine „hinreichend große" Erweiterung der diskretisierten Domäne mit einem „ausreichenden" Abstand zwischen dem eigentlichen Berechnungsgebiet und der künstlichen Grenze, an der eine entsprechende Ruhebedingung an den Randknoten vorgegeben wird (wie z. B. atmosphärischer Druck oder Schnelle gleich Null). Dieser einfache Ansatz liefert für praktische Fragestellungen jedoch keine verlässlichen Ergebnisse und wurde daher nur in den frühen Jahren der Finite-Elemente-Entwicklung verwendet.

Typische, heute gebräuchliche Ansätze zielen darauf ab, den Einfluss des vernachlässigten unendlichen Fluidgebietes auf die Begrenzungsfläche zur Domäne zu projizieren und eine nichtreflektierende Randbedingungen herzustellen, die für einfallende Schallwellen gewissermaßen „transparent" erscheint. Eine immer noch einfache, aber weitverbreitete Technik ist dabei die Definition einer *lokalen künstlichen Randbedingung* auf $\mathfrak{B}$, welche eine Reflexion der Schallwellen unterdrückt, indem auf $\mathfrak{B}$ für das Verhältnis von Schalldruck und normaler Schallschnelle die Impedanz des Fluids gemäß

$$Z=\rho_o c \tag{61}$$

vorgegeben wird. Man beachte, dass diese Impedanzformulierung aufgrund der reellen Größen ρ_0 und c keinen Imaginärteil besitzt und deshalb nur aus dem akustischen Widerstand besteht, ohne eine Reaktanz zu haben. Eine solche Impedanz-Randbedingung kann direkt in die Dämpfungsmatrix des Fluides **C** integriert werden und ist durch spezielle absorbierende Elemente in der Modellerstellung einfach umzusetzen. Abhängig von der zu untersuchenden Fragestellung kann dieser Ansatz jedoch über bestimmte Einschränkungen verfügen, da eine „ausreichend große" Erweiterung der Fluiddomäne abzuschätzen ist und es zu künstlichen Reflexionen für nicht normal auf $\mathfrak{B}$ einfallende Wellen kommen kann. Aufgrund ihrer hohen numerischen Effizienz und einer – wenn ordnungsgemäß eingesetzt – oftmals ausreichenden Leistungsfähigkeit wird diese Art der Randbedingung dennoch oft verwendet. Daneben existieren verschiedene weitere lokale künstliche Randbedingungen höherer Ordnung, z. B. die ENGQUIST-MAJDA- oder die BAYLISS-GUNZBURGER-TURKEL-Formulierungen, die jedoch schwierig zu implementieren sind und auf die hier nicht weiter eingegangen werden soll.

Leistungsfähigere nichtreflektierende Ränder können mit den sogenannten *nicht-lokalen künstlichen Randbedingungen* realisiert werden, z. B. mit der klassischen DIRICHLET-to-NEUMANN (DtN) Methode, bei der die numerische Lösung des finiten Berechnungsgebiets Ω mittels einer analytischen Lösung auf die sich anschließende, nichtdiskretisierte Unendlichkeit abgestimmt wird. Der große Vorteil dieser Methode ist, dass diese auf einer exakten analytischen Lösung basiert. Dabei können Ergebnisse mit einer hohen Genauigkeit erzielt werden, indem bei der Reihenentwicklung der analytischen Lösung die Anzahl der Glieder auf die Anforderungen angepasst wird. Dennoch bestehen gleichzeitig erhebliche Limitierungen durch die Beschränkung auf eher einfache Geometrien von $\mathfrak{B}$ und den hohen numerischen Aufwand aufgrund des nicht-lokalen Ansatzes, der alle Randknoten in Relation zueinander setzt und damit zu dicht besetzten Systemmatrizen führt. Spezielle modifizierte DtN-Bedingungen versuchen diese Probleme zu reduzieren, indem die Ansätze teilweise lokalisiert werden.

Neben den künstlichen Randbedingungen wird vermehrt die vergleichsweise junge, aber populäre Technik der *perfekt abgestimmten Schichten* (perfectly matched layer – PML) für infinite akustische Probleme eingesetzt. Statt das verbleibende Fluid außerhalb des finiten Berechnungsgebietes Ω durch nichtreflektierende Randbedingungen zu ersetzen, wird eine zusätzliche absorbierende Schicht mit einer bestimmten räumlichen Ausdehnung angefügt. Dies führt zu einem zweiten Rechengebiet (dem PML) und einer zusätzlichen Grenzfläche. Der PML ist dabei so ausgelegt, dass aus der Berechnungsdomäne einfallende Schallwellen nicht reflektiert werden, sondern ungehindert eindringen können und innerhalb des PML absorbiert werden. Obwohl die Leistungsfähigkeit im Allgemeinen sehr gut ist, steigt der Berechnungsaufwand aufgrund der zusätzlichen im PML enthaltenen Freiheitsgrade beträchtlich an. Weiterhin sind zur Verwendung der Methode qualifizierte Festlegungen des Benutzers bezüglich Schichtdicke, Diskretisierung und verschiedener Koeffizienten notwendig, die eine gewisse Erfahrung erfordern.

Ein gänzlich anderer Ansatz zur Handhabung unbegrenzter Domänen ist die Verwendung von *infiniten Elementen*, die auf der künstlichen Grenze $\mathfrak{B}$ an die Berechnungsdomäne Ω anschließen. Eine Seite der infiniten Elemente ist dabei mit den Fluidelementen der Berechnungsdomäne verbunden, während sie in Richtung der gegenüberliegenden Seite eine unendliche Ausdehnung aufweisen. Spezielle komplexe Ansatzfunktionen erlauben in dem infiniten Element die Berücksichtigung der akustischen Abstrahlungsbedingungen. Ein besonderer Vorteil dieses Ansatzes besteht darin, dass sich akustische Größen, wie z. B. Schalldruck oder Schnelle, innerhalb der infiniten Elemente ermitteln lassen. Alle zuvor beschriebenen Vorgehensweisen können hingegen nur den Einfluss der infiniten Domäne auf das Berechnungsgebiet berücksichtigen, erlauben aber keinerlei Ergebnisauswertung jenseits von $\mathfrak{B}$. Bei einer Verwendung von infiniten Elementen kann das finite Rechengebiet Ω daher möglicherweise deutlich kleiner gewählt werden, was zu einer beträchtlichen Reduzierung der Freiheitsgrade führen kann. Obwohl die Bandstruktur der Systemmatrizen dabei erhalten bleibt, kann der Berechnungsaufwand aufgrund der typischerweise sehr hohen Elementordnung und der großen Bandbreite der Matrizen jedoch erheblich sein.

Weitere Ausführungen bezüglich der verschiedenen Konzepte, um unbegrenzte Fluidgebiete mithilfe von FEM-Modellen behandeln zu können, sind für die DtN-Methode z. B. in [88, 89] enthalten, während Angaben zu PML u. a. [90–92] entnommen werden können. Bezüglich der Anwendung infiniter Elemente sei z. B. auf [82], [85] und [93] verwiesen. Abschließend lässt sich festhalten, dass sich eine erfolgreiche Methode zur Berücksichtigung von Unendlichkeitsbedingungen in der FEM gemäß [94] durch eine günstige Kombination aus Genauigkeit, Effizienz, Einfachheit, Robustheit und geometrischer Flexibilität auszeichnet. Leider existiert bisher jedoch noch keine universelle Methode. Die Wahl eines geeigneten Ansatzes hängt nach wie vor stark von der zu untersuchenden Fragestellung, der zugehörigen numerischen Modellierung und den vorliegenden Randbedingungen ab.

5 Gekoppelte Analyse von Fluid-Struktur-Systemen

Vibroakustische Systeme zeichnen sich im Allgemeinen durch den Kontakt zwischen einer schwingenden Struktur und einem akustischen Fluid aus, in dem die Schallausbreitung erfolgt (siehe Abb. 9). Struktur und Fluid können dabei nicht unabhängig voneinander betrachtet werden, da sie entlang des Fluid-Struktur-Interfaces Γ_{fl-str} interagieren: Eine Vibration der Struktur verursacht eine Bewegung der anliegenden Fluidpartikel, während ein Schalldruck im Fluid Kräfte auf der Struktur hervorruft. Typisch für die Fluid-Struktur-Wechselwirkung ist die simultane Kopplung von beiden Teilsystemen. Die strukturseitige Vibration bewirkt eine Reaktion des Fluides, welche wiederum die Vibration beeinflusst. Diese simultane Wechselwirkung steht im Kontrast zu sequenziell gekoppelten Problemen. Beispielhaft sei hier eine thermische Bauteilanalyse genannt, bei der die Temperatur eine Reaktion (z. B. Spannungen) im Bauteil verursacht, diese aber keine Rückwirkung auf die Temperatur hat.

Neben der naheliegenden *direkten Kopplung* von Fluid und Struktur in einem gemeinsamen Gleichungssystem (Abschn. Direkte Kopplung) ist auch eine *iterative Kopplung* der zwei Teilsysteme denkbar, um diese Gleichzeitigkeit zu berücksichtigen (Abschn. Iterative Kopplung). Daneben werden in Abschn. Vereinfachte Kopplungsansätze *vereinfachte sequenzielle Ansätze* für die Fluid-Struktur-Kopplung genannt, die Anwendung finden könnten, wenn die Rückwirkung des Fluids auf die Struktur gering ist.

Das resultierende Gleichungssystem ist typischerweise sehr groß, speziell bei direkten Kopplungsansätzen. Unter Verwendung gewisser *Modellreduktionstechniken* und Ausnutzung spezieller Matrizeneigenschaften können die Gleichungen jedoch oftmals auf eine effizientere Art gelöst werden. Hierauf wird in Abschn. 5.2 näher eingegangen.

5.1 Fluid-Struktur-Kopplung

Direkte Kopplung

In Abschn. 4.1 und 4.2 wurden separate Beschreibungen für die Struktur und das akustische Fluid mit einer zeitharmonischen Anregung formuliert. Der wechselseitige Einfluss beider Domänen wird nun durch Hinzufügung einer Kraft $\mathbf{R}_{fl-str}$ vom Fluid auf die Struktur auf der rechten Seite von Gl. (40) und eine Kraft $\mathbf{R}_{str-fl}$ von der Struktur auf das Fluid auf der rechten Seite der Gl. (59) berücksichtigt. Hierdurch erhält man die erweiterten Gleichungen

$$\begin{aligned}\left[-\omega^2\mathbf{M}_{str} + \mathrm{i}\omega\mathbf{C}_{str} + \mathbf{K}_{str}\right]\mathbf{D} \\ = \mathbf{R}_{str,\,ext} + \mathbf{R}_{fl-str}\end{aligned} \tag{62}$$

und

$$\begin{aligned}\left[-\omega^2\mathbf{M}_{fl} + \mathrm{i}\omega\mathbf{C}_{fl} + \mathbf{K}_{fl}\right]\mathbf{P} \\ = -\mathrm{i}\omega\left(\mathbf{R}_{fl,\,ext} + \mathbf{R}_{str-fl}\right).\end{aligned} \tag{63}$$

Die beiden Systeme sind am Fluid-Struktur-Interface Γ_{fl-str} durch identische normale Verschiebungen

$$\mathbf{u}_{fl}\mathbf{n}\big|_{\Gamma_{fl-str}} = \mathbf{u}_{str}\mathbf{n}\big|_{\Gamma_{fl-str}} \tag{64}$$

gekoppelt.

Abb. 9 Beispielhafte Explosionsansicht eines gekoppelten FEM-FEM-Modells zur Untersuchung der Schalltransmission, bestehend aus einer Aluminiumplatte (900 mm × 900 mm × 3 mm) mit angeschlossener Fluidkavität und absorbierenden Elementen, um Freifeld-Randbedingungen anzunähern

Am Interface lässt sich mit den Gl. (28) und (64) definieren, dass

$$\begin{aligned} -\nabla p\mathbf{n}|_{\Gamma_{fl-str}} &= \rho_0 \frac{\partial^2 \mathbf{u}_{fl}}{\partial t^2}\mathbf{n}\Big|_{\Gamma_{fl-str}} \\ &= \rho_0 \frac{\partial^2 \mathbf{u}_{str}}{\partial t^2}\mathbf{n}\Big|_{\Gamma_{fl-str}} \\ &= \rho_0 \left[n_x\; n_y\; n_z\right]\mathbf{H}_{str}\ddot{\mathbf{d}}, \end{aligned} \tag{65}$$

wobei n_x, n_y und n_z jeweils den Richtungscosinus von der Normalen zur Elementoberfläche bezeichnet.

Die Beschränkung auf eine zeitharmonische Anregung erlaubt eine Umformulierung von Gl. (65) zu

$$\begin{aligned} \rho_0 \frac{\partial^2 \mathbf{u}_{fl}}{\partial t^2}\mathbf{n}\Big|_{\Gamma_{fl-str}} &= \mathrm{i}\omega\rho_0 \frac{\partial \mathbf{u}_{fl}}{\partial t}\mathbf{n}\Big|_{\Gamma_{fl-str}} \\ &= \mathrm{i}\omega\rho_0 v_n^0 \\ &= -\omega^2\rho_0 \left[n_x\; n_y\; n_z\right]\mathbf{H}_{str}\mathbf{d}, \end{aligned} \tag{66}$$

wobei v_n^0 der NEUMANN-Randbedingung von Gl. (44) entspricht. Benutzt man die Definition von Gl. (58), erhält man schließlich

$$\begin{aligned} \mathbf{r}_{str-fl} &= \mathrm{i}\omega\rho_0 \int_{\Gamma_{N,e}} \mathbf{H}_{fl}{}^T \left[n_x\; n_y\; n_z\right]\mathbf{H}_{str}\, dS\, \mathbf{d} \\ &= \mathrm{i}\omega\rho_0 \mathbf{S}\mathbf{d}, \end{aligned} \tag{67}$$

in der nun eine Fluid-Struktur-Kopplungsmatrix $\mathbf{S}$ enthalten ist.

Mit der Kraftdefinition aus Gl. (34) und dem Ausdruck für den Schalldruck gemäß (53) ergibt sich die korrespondierende Kraft auf die Struktur zu

$$\begin{aligned} \mathbf{r}_{fl-str} &= \int_{\Gamma_e} \mathbf{H}_{str}{}^T \mathbf{f}_S dS = \int_{\Gamma_e} \mathbf{H}_{str}{}^T p\mathbf{n}\, dS \\ &= \int_{\Gamma_e} \mathbf{H}_{str}{}^T \left[n_x\; n_y\; n_z\right]^T \mathbf{H}_{fl} dS\, \mathbf{p} \\ &= \mathbf{S}^T \mathbf{p}. \end{aligned} \tag{68}$$

Fügt man Gl. (67) und (68) in einer globalen Matrizendarstellung in Gl. (62) und Gl. (63) ein, erhält man

$$\left[-\omega^2\mathbf{M}_{str} + \mathrm{i}\omega\mathbf{C}_{str} + \mathbf{K}_{str}\right]\mathbf{D} = \mathbf{R}_{str,\,ext} + \mathbf{S}^T\mathbf{p} \tag{69}$$

und

$$\left[-\omega^2\mathbf{M}_{fl} + \mathrm{i}\omega\mathbf{C}_{fl} + \mathbf{K}_{fl}\right]\mathbf{P} = -\mathrm{i}\omega\left(\mathbf{R}_{fl,\,ext} + \mathrm{i}\omega\rho_0\mathbf{Sd}\right), \tag{70}$$

was schließlich das gekoppelte Fluid-Struktur-System für eine zeitharmonische Anregung

$$\begin{bmatrix} -\omega^2\mathbf{M}_{str} + \mathrm{i}\omega\mathbf{C}_{str} + \mathbf{K}_{str} & -\mathbf{S}^T \\ -\omega^2\rho_0\mathbf{S} & -\omega^2\mathbf{M}_{fl} + \mathrm{i}\omega\mathbf{C}_{fl} + \mathbf{K}_{fl} \end{bmatrix} \begin{bmatrix} \mathbf{D} \\ \mathbf{P} \end{bmatrix} = \begin{bmatrix} \mathbf{R}_{str,\,ext} \\ -\mathrm{i}\omega\mathbf{R}_{fl,\,ext} \end{bmatrix} \tag{71}$$

ergibt.

Obgleich transiente Phänomene hier nicht weiter betrachtet werden sollen, illustriert eine allgemeinere Formulierung der Gl. (71) gemäß

$$\begin{bmatrix} \mathbf{M}_{str} & \mathbf{0} \\ \rho_0\mathbf{S} & \mathbf{M}_{fl} \end{bmatrix} \begin{bmatrix} \ddot{\mathbf{D}} \\ \ddot{\mathbf{P}} \end{bmatrix} + \begin{bmatrix} \mathbf{C}_{str} & \mathbf{0} \\ \mathbf{0} & \mathbf{C}_{fl} \end{bmatrix} \begin{bmatrix} \dot{\mathbf{D}} \\ \dot{\mathbf{P}} \end{bmatrix} + \begin{bmatrix} \mathbf{K}_{str} & -\mathbf{S}^T \\ \mathbf{0} & \mathbf{K}_{fl} \end{bmatrix} \begin{bmatrix} \mathbf{D} \\ \mathbf{P} \end{bmatrix} = \begin{bmatrix} \mathbf{R}_{str,\,ext} \\ -\dot{\mathbf{R}}_{fl,\,ext} \end{bmatrix} \tag{72}$$

sehr klar den gegenseitigen Einfluss von Struktur- und Fluiddomäne aufeinander: Durch die Rückwirkung des Fluids auf die Struktur wird der Massenmatrix ein Kopplungsterm hinzugefügt (was die Motivation für den vereinfachten *Ansatz der hinzugefügten Masse* ist, siehe Abschn. Vereinfachte Kopplungsansätze), während die Rückwirkung der Struktur auf das Fluid in der gekoppelten Steifigkeitsmatrix wiederzufinden ist. Dabei fällt auf, dass die Dämpfungsmatrix keine Kopplung zwischen den Struktur- und Fluideinträgen aufweist.

Auf Basis der Matrixdimensionen von Struktur- und Fluiddomäne ergibt sich die Dimension des gekoppelten Systems in Gl. (71) zu

$$n_{fl-str} = n_{str} + n_{fl}, \tag{73}$$

was zur Folge hat, dass die zu lösende Matrix immer größer ist als die einzelnen Systemmatrizen. Abhängig von den spezifischen Struktur- und Fluidparametern können die Einträge auf der Diagonalen mehrere Größenordnungen umfassen, so dass die gekoppelte Systemmatrix numerisch schlecht konditioniert sein kann. Weiterhin ist diese im Allgemeinen nun nicht mehr symmetrisch und hat die vorteilhafte Bandstruktur der vorherigen Systemmatrizen verloren (welche sich jedoch durch Ordnungsalgorithmen, wie CUTHILL-MCKEE in Abschn. Numerische Lösungsverfahren, wieder herstellen lässt). Eine typische Konfiguration der gekoppelten Systemmatrix ist in Abb. 10 gezeigt. Man beachte, dass in den meisten Fällen die Kopplungsmatrix nicht vollständig besetzt ist und ihre Dimensionen oft geringer sind als (n_{str} x n_{fl}), da nur angrenzende Knoten von Fluid und Struktur gekoppelt sind.

Neben der oben beschriebenen und intuitiv naheliegenden Verschiebungs-Druck-Herleitung existieren alternative Formulierungen für die gekoppelte Systemmatrix, z. B. basierend auf einem *Potenzialansatz für das Fluid* anstatt einer direkten Berücksichtigung des Druckes (siehe [95]) oder auch auf *verschiebungsbasierten Fluidelementen*, um symmetrische Matrizen zu erhalten [96]. Diese Ansätze sind jedoch typischerweise auf bestimmte Problemklassen beschränkt und haben den Nachteil, dass der Schalldruck nicht direkt ermittelt wird, sondern in einem separaten Postprozess berechnet werden muss.

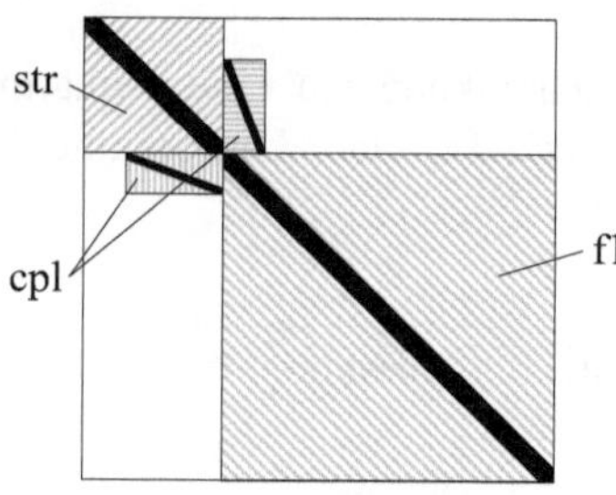

Abb. 10 Typische Konfiguration einer gekoppelten Fluid-Struktur-Systemmatrix mit dünnbesetzten Struktur- (str), Fluid- (fl) und Kopplungs- (cpl) Submatrizen

Iterative Kopplung

Anstatt einer direkten Kopplung können auch *iterative Kopplungstechniken* verwendet werden, deren Grundidee die Trennung des kompletten Systems in sogenannte *Partitionen* oder *Subsysteme* ist. Die globale Lösung wird hierbei durch eine iterative Synchronisation der Subsysteme mithilfe einer Kopplungsstrategie ermittelt. Für gekoppelte Probleme, wie die Fluid-Struktur-Interaktion, lässt sich eine Iteration direkt implementieren, da die physikalische Aufteilung in zwei Subsysteme und die Existenz einer Kopplungsmatrix die benötigten Relationen liefern. Ein Überblick über weitere Methoden und die Klassifikation der verschiedenen Ansätze lässt sich z. B. [97–99] entnehmen.

Bezüglich der Verwendung einer iterativen Kopplungstechnik können grundsätzlich zwei verschiedene Motivationen hervorgehoben werden:

1. Das Gesamtsystem kann nicht direkt gelöst werden.
2. Der iterative Ansatz ist vorteilhaft, obgleich eine direkt gekoppelte Lösung auch möglich wäre.

Im ersten Fall könnte die Dimension des kompletten Systems zu hoch sein, um direkt gelöst werden zu können. Das System muss aufgesplittet werden, um überhaupt eine Berechnung zu ermöglichen. Eventuell wirkt sich auch die schlechte Konditionierung der gekoppelten Matrix negativ auf die Ergebnisgüte aus. Ein weiterer Grund könnte die unumgängliche Anwendung von vollkommen unterschiedlichen numerischen oder analytischen Ansätzen für die Lösung der Subsysteme sein, welche als Konsequenz nicht in einem gemeinsamen System verbunden werden können.

Im zweiten Fall soll ein bestimmter Vorteil durch die Anwendung einer iterativen anstatt einer direkten Kopplung erreicht werden. Ein wichtiger Vorteil ist die erweiterte Auswahl der Modellierungsmöglichkeiten. Jedes Subsystem könnte mit der optimalen numerischen oder analytischen Methode behandelt werden (z. B. gekoppelte FEM-BEM-Modelle) und zudem könnten verschiedene Softwarepakete verwendet werden. Kommt für beide Subsysteme die gleiche numerische Methode zum Einsatz, vermeidet eine iterative Kopplung schlecht konditionierte und ungünstig strukturierte Systemmatrizen und erlaubt eine Lösung der Subsysteme basierend auf den jeweils zugrundeliegenden Annahmen (z. B. Linearität/Nichtlinearität) und Parametern (z. B. unterschiedliche Dauer der Zeitschritte). Mögliche vorteilhafte Subsystem-Eigenschaften, wie eine dünnbesetzte symmetrische Bandstruktur der Matrizen, die durch eine direkte Kopplung zerstört werden könnten (siehe Abschn. Direkte Kopplung), bleiben dabei erhalten.

Der größte Nachteil der iterativen Kopplungstechniken ist das mögliche Auftreten von Instabilitäten. Wenn ein iterativ gekoppeltes System zu einem instabilen Verhalten neigt, kann es zwar in bestimmten Fällen durch vorsichtiges Anpassen der Kopplungsstrategie und der zugehörigen Parameter stabilisiert werden. Nichtsdestotrotz könnte diese, z. B. aufgrund eines möglichen Anstiegs der nötigen Iterationen, gegenüber der direkten Kopplung vielleicht jedoch nicht länger vorteilhaft sein.

Auf dem Gebiet der Fluid-Struktur-Kopplung werden iterative Ansätze hauptsächlich bei transienten Phänomenen angewandt. Effektive Implementierungen hierfür können u. a. bei [99–101] gefunden werden. Die Definition einer geeigneten Kopplungsstrategie ist dabei der Schlüssel zu einer schnellen und stabilen Konvergenz der Iteration. Für die Lösung von zeitharmonischen Fluid-Struktur-Problemen oder ähnlichen Fragestellungen im Frequenzbereich ist hingegen bisher keine allgemeine und erfolgreiche Anwendung von iterativen Kopplungstechniken verfügbar. Gründe hierfür können u. a. [102] entnommen werden.

Vereinfachte Kopplungsansätze

Es existieren spezielle Problemstellungen, in denen eine abgeschwächte Kopplung für ein Vibroakustik-System gerechtfertigt sein kann. Gemäß [103] lässt sich als Beurteilungskriterium das Verhältnis

$$\lambda = \frac{\rho_0 c}{\rho_{str} h_{str} \omega} \tag{74}$$

mit der charakteristischen Dicke h_{str} und Massendichte ρ_{str} der Struktur definieren. Für $\lambda < 1$, was dem Fall einer schweren Struktur in einem leichten Fluid entspricht, kann eine zweiseitige Kopplung unter bestimmten Bedingungen entfallen. Dabei wird zunächst ausschließlich das Vibrationsproblem der Struktur ohne angeschlossenes Fluid gelöst. Die ermittelte Strukturantwort wird dann als Randbedingung verwendet, um die akustische Reaktion des Fluids zu bestimmen. Es ist zu beachten, dass die oben genannte Faustformel auf geometrisch einfache Komponenten beschränkt ist, die vorzugsweise von Freifeldbedingungen umgeben sind. So können einfache doppelwandige Konstruktionen mit eingeschlossenen Fluidkavitäten aufgrund von Resonanzeffekten hingegen bereits ein stark gekoppeltes Verhalten aufweisen, obgleich das Verhältnis gemäß Gl. (74) gering sein mag.

Für den Fall, dass der Einfluss des Fluids auf die Struktur nicht vernachlässigt werden kann, existieren für bestimmte Fälle dennoch gewisse vereinfachende Annahmen. Einen klassischen Ansatz stellt beispielsweise die Verwendung *äquivalenter Zusatzmassen* dar, welche dem Einfluss des Fluids entsprechen, das die vibrierende Struktur mobilisieren muss (siehe [75], [77] und [77]). Alternative und erweiterte Ansätze, um z. B. das Fluid mit der Struktur für zeitharmonische Niederfrequenzprobleme zu koppeln, können bei Bedarf u. a. [103] entnommen werden.

5.2 Effiziente Behandlung gekoppelter Probleme mit der Fluid-Struktur-FEM

Modellordnungsreduktion

FE-Modelle für reale vibroakustische Fragestellungen zeichnen sich oft durch eine große Anzahl an Unbekannten aus. Obwohl sich die Leistung von Computersystemen hinsichtlich Rechenzeit, Arbeitsspeicher und Festplattenkapazität beständig erhöht, sollte die Modellgröße dennoch soweit wie möglich reduziert werden, um kurze Rechenzeiten zu garantieren und kompakte Ergebnisdateien zu erhalten. Hierzu kann auf grundsätzliche Modellvereinfachungen, wie die speziellen Darstellungen für symmetrische Probleme oder die Ausnutzung von 2D-Repräsentationen für 3D-Fragestellungen, zurückgegriffen werden [74, 75]. Darüber hinaus existieren verschiedene *Verfahren zur Modellordnungsreduktion*, die aus der System- und Kontrolltheorie stammen [104]. Diese zielen in der Regel darauf ab, ein dynamisches Modell auf seine wesentlichen Eigenschaften zu reduzieren und dadurch die Anzahl der Unbekannten zu verringern. Ordnungsreduktionsverfahren sind in der FE-Analyse sehr weit verbreitet und bieten sich insbesondere dann an, wenn Komponenten untersucht werden sollen, die aus unterschiedlichen Subsystemen (z. B. einzelnen Baugruppen) zusammengesetzt sind.

Für vibroakustische Fragestellungen bieten sich Ordnungsreduktionsverfahren besonders an, da durch das Vorhandensein von Fluid und Struktur probleminhärent bereits zwei mögliche und klar separierbare Subsysteme vorhanden sind (siehe auch Abschn. Direkte Kopplung). Im Folgenden wird die *Modaltransformation* näher betrachtet, welche sich für zeitharmonische Fluid-Struktur-Probleme besonders anbietet und als Standardansatz zur Ordnungsreduktion angesehen werden kann. Sie ist Bestandteil in vielen allgemeinen FE-Softwarepaketen.

Die Modaltransformation ist wahrscheinlich die gebräuchlichste Reduktionstechnik in der strukturdynamischen FE-Analyse. Während sie numerisch hoch effizient ist, ist sie gleichzeitig einfach anzuwenden und liefert Ergebnisse von hoher Genauigkeit. Das Verfahren basiert auf der Transformation eines Systems von *physikalischen Koordinaten* zu *generalisierten Koordinaten* (oder *Modalkoordinaten*), wobei die Verwendung eines reduzierten Satzes von Basisvektoren zu einer Ordnungsreduktion führt, da typischerweise nur die Moden bis zu einer bestimmten Frequenz gewählt werden, um das dynamische Verhalten eines Systems zu charakterisieren [73, 74]. Da das Verfahren inhaltlich eng mit der Messtechnik verbunden ist (siehe [105]), erlaubt es zusätzlich eine einfache Validierung von FEM-Modellen mit entsprechenden Messungen. Weitere Ansätze, auf die hier nicht näher eingegangen wird, basieren

u. a. auf Ritz- oder Lanczos-Vektoren (siehe z. B. [81] und die darin enthaltenen Referenzen).

Strukturdomäne

In der Standardformulierung der Modaltransformation werden die Eigenschwingungsformen zu Gl. (40) für die ungedämpfte freie Schwingung und ohne externe Kräfte berücksichtigt. Das zugehörige Eigenwertproblem ergibt sich damit zu

$$\left[-\omega_{str}{}^2\mathbf{M}_{str} + \mathbf{K}_{str}\right]\boldsymbol{\varphi}_{str} = \mathbf{0}. \tag{75}$$

Die nicht-triviale Lösung erhält man für

$$\det\left(-\omega^2\mathbf{M}_{str} + \mathbf{K}_{str}\right) = 0, \tag{76}$$

welches zu n_{str} sogenannten *Eigenwerten* $\lambda_{str,i} = \omega^2_{str,i}$ führt. Für jeden Eigenwert ergibt sich ein zugehöriger n_{str}-dimensionaler *Eigenvektor* $\boldsymbol{\varphi}_{str,i}$ gemäß

$$\left[-\lambda_{str,i}\mathbf{M}_{str} + \mathbf{K}_{str}\right]\boldsymbol{\varphi}_{str,i} = \mathbf{0}. \tag{77}$$

Nach der Normierung der Eigenvektoren auf die Masse erfolgt eine Zusammenfassung zur Eigenvektormatrix

$$\boldsymbol{\phi}_{str} = \left[\boldsymbol{\varphi}_{str,1} \quad \boldsymbol{\varphi}_{str,2} \quad \cdots \quad \boldsymbol{\varphi}_{str,n}\right], \tag{78}$$

was eine Definition der modalen Massenmatrix mit

$$\widehat{\mathbf{M}}_{str} = \boldsymbol{\phi}_{str}{}^T\mathbf{M}_{str}\boldsymbol{\phi}_{str} = \mathbf{I} \tag{79}$$

erlaubt. Analog werden die Eigenwerte in einer Diagonalmatrix

$$\boldsymbol{\Lambda}_{str} = \operatorname{diag}\left(\lambda_{str,1}, \lambda_{str,2}, \ldots, \lambda_{str,n}\right) \tag{80}$$

zusammengefasst, welche die modale Steifigkeitsmatrix mit

$$\widehat{\mathbf{K}}_{str} = \boldsymbol{\phi}_{str}{}^T\mathbf{K}_{str}\boldsymbol{\phi}_{str} = \boldsymbol{\Lambda}_{str} \tag{81}$$

liefert. Die verbleibenden Einträge von Gl. (40) ergeben sich in modalen Koordinaten entsprechend zu

$$\widehat{\mathbf{C}}_{str} = \boldsymbol{\phi}_{str}{}^T\mathbf{C}_{str}\boldsymbol{\phi}_{str} \tag{82}$$

$$\widehat{\mathbf{R}}_{str,ext} = \boldsymbol{\phi}_{str}{}^T\mathbf{R}_{str,ext}. \tag{83}$$

Nach der Lösung des transformierten Gleichungssystems erhält man das Ergebnis $\widehat{\mathbf{D}}$, welches noch in modalen Koordinaten ausgedrückt ist. Die entsprechenden Verschiebungen in physikalischen Koordinaten ergeben sich schließlich durch einfache Rücktransformation mit

$$\mathbf{D} = \boldsymbol{\phi}_{str}\widehat{\mathbf{D}}. \tag{84}$$

Wie bereits in Abschn. 4.1 erwähnt ist die Kombination aus modaler Transformation und Rayleigh-Dämpfung numerisch äußerst effizient, da Gl. (41) mit

$$\widehat{\mathbf{C}}_{str} = \alpha_1\widehat{\mathbf{M}}_{str} + \alpha_2\widehat{\mathbf{K}}_{str} = \alpha_1\mathbf{I} + \alpha_2\boldsymbol{\Lambda}_{str} \tag{85}$$

nun eine Diagonalmatrix darstellt, während die resultierende Dämpfungsmatrix nach Gl. (82) im Allgemeinen vollbesetzt ist. Mit den diagonalen modalen Masse- und Steifigkeitsmatrizen erhält man somit ein vollständig entkoppeltes Gleichungssystem, welches unmittelbar aufgelöst werden kann.

Neben dem Effekt der Entkopplung des transformierten Gleichungssystems bei Verwendung der Rayleigh-Dämpfung beruht die hohe Effizienz der Modaltransformation weiterhin auf der Ordnungsreduktion. Anstatt sämtliche n_{str} Normalmoden für das transformierte System zu berücksichtigen, wird nur eine begrenzte Anzahl $m_{str} \ll n_{str}$ von Normalmoden verwendet, um das dynamische Verhalten adäquat zu repräsentieren. Hierbei ist die Anzahl der notwendigen Moden stark abhängig vom untersuchten Problem. Tieffrequente Ereignisse wie z. B. Erdbeben benötigen lediglich wenige der ersten Moden, während z. B. Stoßanregungen oder Kollisionsprobleme im Allgemeinen eine deutlich höhere Anzahl an Moden erfordern [73, 74]. Als eine übliche Faustregel gilt, dass für zeitharmonische Frequenzantworten eine ausreichende Genauigkeit erreicht wird, wenn alle Moden bis mindestens zur 2-fachen maximalen

Auswertungsfrequenz berücksichtigt werden [106]. Ähnliche Angaben sind [74] zu entnehmen, wo als Grenzfrequenz für die modale Reduktion mindestens das 1,5-fache bis maximal das 4-fache der höchsten signifikanten Frequenzkomponenten der Anregungskraft zugrunde gelegt wird. Hierbei muss generell beachtet werden, dass eine Berechnung von Eigenmoden oberhalb der beabsichtigten maximalen Auswertungsfrequenz eventuell eine Verfeinerung des ursprünglichen FE-Netzes bedarf. Die Verringerung der Knotenabstände und dadurch der Matrixdimension n_{str} des Ausgangsproblems beeinflusst dabei jedoch nur den Berechnungsaufwand zur Lösung des Eigenwertproblems, aber nicht die Anzahl der benötigten Moden m_{str}, so dass die Dimension des modalen Gesamtsystems erhalten bleibt. Diese hängt nur vom zu berücksichtigen Frequenzbereich ab.

Die Effizienzsteigerung durch eine modale Transformation steht in direktem Verhältnis zum Ausmaß des Gebrauch des reduzierten Systems: Einerseits verursacht die Berechnung von Eigenwerten und Eigenvektoren einen zusätzlichen Aufwand, welcher andererseits durch Einsparung bei der Verwendung des reduzierten Systems ausgeglichen wird. Im Allgemeinen zahlt sich die Modaltransformation bei zeitharmonischen Frequenzantwortuntersuchungen umso eher aus, je größer die Anzahl der Auswertungsfrequenzen ist, für die jeweils auf das reduzierte System zurückgegriffen werden kann. Für wenige Frequenzen, für eine sehr breite Spreizung des zu untersuchenden Frequenzbandes oder für Hochfrequenzuntersuchungen ist hingegen oftmals eine Lösung des Systems in physikalischen Koordinaten weiterhin vorteilhaft. Das gleiche gilt für kleine Modelle mit vergleichsweise wenigen Freiheitsgraden, wenn $m_{str} \ll n_{str}$ nicht gegeben ist.

Fluiddomäne

Die Modaltransformation der Fluiddomäne wird auf analoge Weise zur Strukturdomäne erreicht. Mit schallharten Randbedingungen an den Außenseiten des Fluids ($\mathbf{C}_{fl} = \mathbf{0}$) ergibt sich das Eigenwertproblem zu

$$\left[-\omega_{fl}{}^2\mathbf{M}_{fl} + \mathbf{K}_{fl}\right]\boldsymbol{\varphi}_{fl} = \mathbf{0}, \tag{86}$$

was wiederum die Berechnung der Fluid-Eigenvektormatrix $\boldsymbol{\phi}_{fl}$ sowie der Fluid-Eigenwertmatrix $\boldsymbol{\Lambda}_{fl}$ erlaubt [107]. Die entsprechenden modalen Massen-, Dämpfungs- und Steifigkeitsmatrizen sowie der Lastvektor ergeben sich zu

$$\widehat{\mathbf{M}}_{fl} = \boldsymbol{\phi}_{fl}{}^T\mathbf{M}_{fl}\boldsymbol{\phi}_{fl}=\mathbf{I} \tag{87}$$

$$\widehat{\mathbf{C}}_{fl} = \boldsymbol{\phi}_{fl}{}^T\mathbf{C}_{fl}\boldsymbol{\phi}_{fl} \tag{88}$$

$$\widehat{\mathbf{K}}_{fl} = \boldsymbol{\phi}_{fl}{}^T\mathbf{K}_{fl}\boldsymbol{\phi}_{fl}=\boldsymbol{\Lambda}_{fl} \tag{89}$$

$$\widehat{\mathbf{R}}_{fl,ext} = \boldsymbol{\phi}_{fl}{}^T\mathbf{R}_{fl,ext}. \tag{90}$$

Nach der Lösung des transformierten Gesamtsystems erhält man den Schalldruck in physikalischen Koordinaten wiederum durch Rücktransformation gemäß

$$\mathbf{P} = \boldsymbol{\phi}_{fl}\widehat{\mathbf{P}}. \tag{91}$$

Aufgrund der allgemein hohen Modendichte dreidimensionaler Fluidkavitäten ist die Steigerung der numerischen Effizienz durch eine Modaltransformation jedoch oft nicht so hoch wie bei typischen Strukturproblemen vergleichbarer Ordnung.

Fluid-Struktur-Kopplung

Das gekoppelte Problem für ein Fluid-Struktur-System in modalen Koordinaten kann nun einfach gemäß Abschn. 5.1 formuliert werden, indem man die Systemmatrizen der Struktur und/oder des Fluids durch die reduzierten Matrizen ersetzt. Vorab muss lediglich noch die Fluid-Struktur-Kopplungsmatrix $\mathbf{S}$ in den modalen Raum überführt werden, wobei sowohl die Struktur- als auch die Fluidtransformation mit

$$\widehat{\mathbf{S}} = \boldsymbol{\phi}_{fl}{}^T\mathbf{S}\,\boldsymbol{\phi}_{str} \tag{92}$$

berücksichtigt werden muss. Wenn nur die Struktur- oder die Fluiddomäne in den modalen Raum transformiert worden sind, reduzieren sich die entsprechenden Kopplungsmatrizen zu

$$\widehat{\mathbf{S}} = \mathbf{S}\,\boldsymbol{\Phi}_{str} \quad \text{und} \quad \widehat{\mathbf{S}} = \boldsymbol{\Phi}_{fl}{}^{T}\mathbf{S}. \qquad (93)$$

Typische Anwendungen für eine Modaltransformation von sowohl Struktur- als auch Fluiddomäne weisen oftmals eingeschlossene Kavitäten auf, wie z. B. der Innenraum von Fahrzeugen, fluidgefüllte Rohrleitungen oder fluidgefüllte Behälter. Die Fluidgleichungen enthalten in diesen Fällen in der Regel keine oder nur eine sehr leichte Dämpfung, so dass sich die charakteristischen stehenden Wellen und Resonanzen der Kavitäten sehr gut durch Eigenvektoren beschreiben lassen, die mit schallharten Randbedingungen entsprechend Gl. (86) berechnet worden sind.

Limitierungen modaler Ansätze für unbegrenzte Fluidgebiete

Leicht gedämpfte Systeme können durch die ungedämpften und damit realwertigen Eigenvektoren mit der Annahme, dass Dämpfungskräfte nicht vorherrschend gegenüber den weiteren Kräften sind, sehr gut abgebildet werden. Gemäß [74] können Dämpfungskräfte dabei überschlägig als klein betrachtet werden, wenn ihr Anteil an den auftretenden Kräften geringer als etwas 10 % ist. Mit Einführung einer maßgeblichen Dämpfung ist diese Annahme hingegen nicht mehr zulässig und die Eigenvektoren eines Systems werden nun komplexwertig.

Als Beispiel soll das in Abb. 9 dargestellte gekoppelte Modell einer Aluminiumplatte und einer Kavität (beide ausgedrückt in physikalischen Koordinaten) bei Anregung mit einer einzigen senkrechten Einheitskraft betrachtet werden. Für die strukturseitigen Dämpfungskräfte ergeben sich, bezogen auf die Summe aller auf die Struktur wirkenden Kräfte, ein Anteil von 1,77 % (100 Hz), 0,88 % (500 Hz) bzw. 1,15 % (1 kHz), so dass offensichtlich von einem nur leicht gedämpften System ausgegangen werden kann. Die Fluidkavität verfügt hingegen über absorbierende Randbedingungen auf den freien Außenflächen, um Freifeldbedingungen anzunähern. Der entsprechende Anteil der Dämpfungskräfte relativ zu den Gesamtkräften im Fluid ergibt sich dabei zu 22.49 % (100 Hz), 12.26 % (500 Hz) bzw. 8.64 % (1 kHz). Die Rückwirkung der Dämpfung auf das Verhalten des Fluids kann daher nicht mehr vernachlässigt werden. Selbst bei Verwendung der kompletten statt einer reduzierten modalen Basis des ungedämpften Systems mit $m = n$ erhält man für solche Systeme nicht notwendigerweise die korrekte Lösung [108].

Von einem physikalischen Standpunkt aus betrachtet ist dies sogar noch offensichtlicher. Die Eigenmoden eines ungedämpften Systems mit schallharten Randbedingungen entsprechen den charakteristischen Formen des akustischen Feldes, die hauptsächlich durch die Reflexionen an den Innenseiten der Kavität beeinflusst sind. Weist ein leicht gedämpftes System nun eine gewisse Absorption an den Innenseiten auf, werden die Schallwellen dort immer noch zu einem signifikanten Anteil reflektiert, so dass die grundsätzliche Charakteristik des Schallfeldes erhalten bleibt. Das leicht gedämpfte akustische Feld wird durch eine Superposition der schallharten Eigenmoden daher gut angenähert. Enthält das FE-Modell jedoch Randbedingungen, die das Freifeldverhalten eines unbegrenzten Fluidgebietes erzeugen sollen, treten im Idealfall überhaupt keine Reflexionen an den Innenseiten der Kavität auf. Das resultierende Schallfeld hat daher eine vollständig andere Charakteristik und lässt sich nicht mehr durch Eigenmoden, die auf den schallharten Hohlraumresonanzen und stehenden Wellenphänomenen basieren, beschreiben. Systeme mit höherer Dämpfung können nur dann durch eine Superposition der ungedämpften Eigenmoden angenähert werden, wenn die Dämpfung als eine lineare Kombination von Steifigkeits- und Massenmatrix ausgedrückt wird [108]. Dies ist z. B. der Fall für die Rayleigh-Dämpfung in Gl. (51). Eine Dämpfungsmatrix, die man z. B. aufgrund der in Abschn. 4.3 beschriebenen absorbierenden Impedanzrandbedingung erhält, erfüllt diese Anforderung jedoch nicht.

Ein möglicher alternativer Ansatz, um nichtklassische Dämpfungssysteme zu behandeln, stellt die Verwendung *komplexer Eigenwerte* und *komplexer Eigenvektoren* [86] dar. Dafür ist jedoch eine Überführung der Grundgleichung des Fluidgebietes von Gl. (59) in eine Darstellung im Zustandsraum notwendig, womit sich

$$\begin{bmatrix} \mathbf{0} & \mathbf{K}_{fl} \\ \mathbf{K}_{fl} & \mathbf{C}_{fl} \end{bmatrix} \begin{bmatrix} \mathbf{P} \\ \dot{\mathbf{P}} \end{bmatrix} + \begin{bmatrix} -\mathbf{K}_{fl} & \mathbf{0} \\ \mathbf{0} & \mathbf{M}_{fl} \end{bmatrix} \begin{bmatrix} \dot{\mathbf{P}} \\ \ddot{\mathbf{P}} \end{bmatrix} = \begin{bmatrix} \mathbf{0} \\ -\mathrm{i}\omega \mathbf{R}_{fl,\,ext} \end{bmatrix} \qquad (94)$$

ergibt.

Definiert man nun

$$\mathbf{Y} = \begin{bmatrix} \mathbf{P} \\ \dot{\mathbf{P}} \end{bmatrix} = \begin{bmatrix} \mathbf{P} \\ \mathrm{i}\omega\mathbf{P} \end{bmatrix} \quad \text{und}$$

$$\dot{\mathbf{Y}} = \begin{bmatrix} \dot{\mathbf{P}} \\ \ddot{\mathbf{P}} \end{bmatrix} = \begin{bmatrix} \mathrm{i}\omega\mathbf{P} \\ -\omega^2\mathbf{P} \end{bmatrix} = \mathrm{i}\omega\mathbf{Y}, \qquad (95)$$

so liegt Gl. (94) in der Form $\mathbf{AY} + \mathbf{B}\dot{\mathbf{Y}} = (\mathbf{A} + \mathrm{i}\omega\mathbf{B})\mathbf{Y} = \mathbf{F}$ vor, wodurch sich das zugehörige Eigenwertproblem ähnlich der ursprünglichen Definition aus Gl. (86) formulieren und lösen lässt. Da die Dämpfungsmatrix implizit enthalten ist, erhält man nun komplexe Eigenwerte sowie komplexe Eigenvektoren. Durch den Übergang in den Zustandsraum verdoppelt sich weiterhin die Dimension der Matrizen und damit auch die Anzahl der Eigenwerte und Eigenvektoren. Trotz der grundsätzlichen Verwendbarkeit dieses Ansatzes für unbegrenzte Fluidgebiete in der Akustik bestehen hinsichtlich der praktischen Anwendung jedoch verschiedene Beschränkungen und es muss im Einzelfall abgewogen werden, ob die Verwendung komplexer Eigenmoden zielführend ist. Ausführlichere Betrachtungen hierzu können z. B. [109] entnommen werden.

Weitere Verfahren

Neben der beschriebenen und sehr universell verwendbaren Modaltransformation kann weiterhin die *Component Mode Synthesis* (CMS) genannt werden, bei der es sich ebenfalls um ein modenbasiertes Verfahren handelt. Hierbei wird jedoch ein weitaus spezialisierterer Ansatz verfolgt, bei dem eine Aufteilung des Modells in unterschiedliche dynamische Substrukturen erforderlich ist, die separat behandelt werden (siehe [74] und [110]). Das Gesamtsystem setzt sich schließlich aus einer Kombination der reduzierten Subsysteme zusammen, wobei die deutlich geringere Anzahl an Freiheitsgraden zu erheblich reduzierten Rechenzeiten führt. In ihren Anfängen diente die CMS primär dazu, große Probleme auf kleinere, besser handhabbare Teilberechnungen herunterzubrechen. Heutige Implementierung in kommerziellen FEM-Softwarepaketen, wie z. B. der Superelemente-Ansatz in [[106], [111]], setzen weiterhin einen zusätzlichen Fokus auf die Fähigkeit, verschiedene Komponenten einer Gesamtstruktur individuell und parallel durch verschiedene Arbeitsgruppen oder sogar Lieferanten auslegen und optimieren zu können [111]. Aufgrund ihrer Eigenschaft, nach Modifikationen in einzelnen Substrukturen vergleichsweise schnell die neue Gesamtsystemlösung berechnen zu können, wird die CMS darüber hinaus auch in Verbindung mit Unsicherheits- und Optimierungsuntersuchungen genutzt, um umfangreiche Mehrfachauswertungen zu beschleunigen, siehe z. B. [102] und [112–116].

Im ersten Schritt der CMS wird das ursprüngliche Gesamtsystem in eine *Reststruktur* und in eine bestimmte Anzahl von *Substrukturen* aufgeteilt. Basierend auf dieser Teilung wird jede Substruktur individuell reduziert. Die Gesamtlösung ergibt sich schließlich durch Zusammenführung aller Substrukturen und der Reststruktur in einem gemeinsamen Gleichungssystem. Die Grundidee der CMS ist dabei – ähnlich zur GUYAN-Reduktion (statischen Kondensation) – die Darstellung der Substruktur durch einen kleineren Satz von Freiheitsgraden, indem man den Einfluss der entfernten Freiheitsgrade auf die verbleibenden „kondensiert". Während die GUYAN-Reduktion die lokalen dynamischen Effekte nicht berücksichtigt und dadurch auf bestimmte Fragestellungen beschränkt ist, berücksichtigt die CMS das dynamische Verhalten der kondensierten Teile durch *Komponentenmoden*, welche zusätzliche Freiheitsgrade in generalisierten Koordinaten darstellen. Die Komponentenmoden werden zu den verbleibenden Freiheitsgraden einer Substruktur hinzugefügt, welche für die Verbindung zwischen den Substrukturen und/oder dem Residuum notwendig sind.

Hierdurch ist eine erhebliche Ordnungsreduktion möglich. Für eine detaillierte Ableitung und Beschreibung der CMS für die Strukturdynamik sei an dieser Stelle auf [86], [111] und [117–120] verwiesen.

Obwohl die CMS oftmals lediglich strukturseitig angewendet wird, lässt sie sich grundsätzlich auch bei Fluid- oder gekoppelten Fluid-Struktur-Problemen in der gleichen Weise anwenden. Besonders die Reduktion der Fluiddomäne auf ihre Kopplungs-Freiheitsgrade mit der Struktur ist aus numerischer Sicht sehr attraktiv, wenn Struktur und Fluid nur wenige Verbindungsstellen haben. In der Literatur können verschiedene Anwendungen der CMS für gekoppelte Fluid-Struktur-Systeme gefunden werden, z. B. bei [115] und [121–127]. Allen gemein ist dabei die Kombination aus einer Struktur und eingeschlossenen, nur leicht gedämpften Fluid-Kavitäten. Anwendungen der CMS für unbegrenzte Fluidgebiete und stark gedämpfte Kavitäten sind hingegen nicht bekannt, da hier die gleichen Limitationen wie für die Modaltransformation gelten.

Neben den beiden genannten modalen Methoden existieren noch diverse weitere allgemeine Ansätze. Für einen generellen Überblick von Modellordnungsreduktionsverfahren in der FEM sei an dieser Stelle auf [86] und [128] verwiesen.

Numerische Lösungsverfahren (vgl. auch Abschn. Lösung des erzeugten linearen Gleichungssystems)

Neben der eigentlichen Modellerstellung stellt die anschließende numerische Lösung des Gesamtsystems in der Regel den umfangreichsten Zeitfaktor da. Unabhängig von der Erzeugung und ggf. Reduzierung der Systemmatrizen liegt letzten Endes immer ein System der Form

$$\mathbf{A}\mathbf{x} = \mathbf{b} \tag{96}$$

vor, wobei **A** die Systemmatrix, **b** den Anregungsvektor und **x** die unbekannte Größe darstellt. Die Effizienz der Lösung in Bezug auf Rechenzeit und Speicherbedarf hängt dabei unmittelbar von der Auswahl des numerischen Lösungsverfahrens sowie von der vorherigen Optimierung der Matrizen, z. B. durch *Vorkonditionierung* oder *Ordnungsalgorithmen*, ab. Im Folgenden wird ein kurzer Überblick dieser wichtigen Thematik gegeben. Ein umfassender Einstieg in die effiziente Lösung dünnbesetzter Matrizen kann z. B. [129, 130] entnommen werden.

Direkte und iterative Lösungsverfahren

Die verschiedenen Lösungsverfahren lassen sich in *direkte* und *iterative* Methoden einteilen. Direkte Techniken, wie z. B. die Gaussche Elimination [73, 74], ermöglichen die Lösung mit einer endlichen Anzahl an Reihenoperationen. Durch ihr starres Lösungsschema können sie jedoch die typischerweise dünnbesetzte und oftmals symmetrische Bandstruktur der FEM-Matrizen nicht effizienzsteigernd verwenden. Unabhängig davon erfordern sie einen erheblichen Speicherbedarf, weshalb sie zur Lösung von FEM-Matrizen in der Regel nicht verwendet werden.

Typische FEM-Softwarepakete enthalten stattdessen moderne iterative Löser auf Basis von Krylov-Unterraum-Verfahren, wie z. B. BI-CGSTAB [131], GMRES (Generalized minimum residual method, [132]) oder QMR (Quasi-minimal residual method, [133]). Für Berechnungen im Frequenzbereich ergeben sich dabei zusätzliche Leistungssteigerungen durch sogenannte *Subspace-Recycling*-Ansätze (siehe z. B. [134]). In vielen Programmen kann der Nutzer den zu verwendenden Löser und eventuelle zusätzliche Parameter dabei aktiv vorgeben. Auch wenn iterative Löser grundsätzlich empfindlich in Bezug auf Konvergenz und Robustheit sein können, so eignen sie sich doch hervorragend zur Lösung großer, dünnbesetzter Gleichungssysteme und sind weiterhin sehr gut geeignet für verteilte Berechnungen auf Computerclustern. Die klassischen, teilweise in bestehenden FEM-Programmen noch optional enthaltenen iterativen Jacobi- oder Gauss-Seidel-Löser werden heutzutage aufgrund ihrer schlechten Konvergenz jedoch nicht mehr eingesetzt [74], [135].

Vorkonditionierung

Die Leistungsfähigkeit iterativer Löser kann durch Vorkonditionierung von Gleichung (96) mit einer Matrix **P** erheblich gesteigert werden, da hierdurch die Kondition und somit auch die Konvergenz verbessert wird. Das ursprüngliche Gleichungssystem wird dabei in ein links- bzw. rechtvorkonditioniertes Systems mit

$$\mathbf{P}^{-1}\mathbf{A}\mathbf{x} = \mathbf{P}^{-1}\mathbf{b} \quad \text{und} \quad \mathbf{A}\mathbf{P}^{-1}\mathbf{P}\mathbf{x} = \mathbf{b} \qquad (97)$$

umgewandelt. Bei Auswahl eines geeigneten Vorkonditionierers erhält man dabei mit verringertem Aufwand die identische Lösung. Typische und weit verbreitete Ansätze sind dabei die CHOLESKY-Zerlegung sowie die vollständige bzw. unvollständige LU-Zerlegung. Da die Vorkonditionierung in aller Regel jedoch software-intern erfolgt, sei hier für eine umfassende Beschreibung auf [73, 74], [129] und [136] verwiesen.

Ordnungsalgorithmen
Die Transformation der dünnbesetzten FEM-Matrizen in Bandmatrizen mit möglichst geringer Bandbreite ist eine der wichtigsten Maßnahmen zur Effizienzsteigerung der Lösungsverfahren überhaupt. Bekannte Ordnungsalgorithmen sind das CUTHILL-MCKEE-Verfahren (CMK) und dessen umgekehrte Variante RCM [137, 138]. Darüber hinaus existieren verschiedene modernere Verfahren mit hoher Leistungsfähigkeit, wie z. B. der Approximate Minimum Degree Ordering Algorithm (AMD, siehe [139–141]). Da die Ordnungsalgorithmen im Regelfall in der FEM-Software direkt enthalten sind, sei an dieser Stelle wiederum auf die zugehörige Literatur wie z. B. [129] verwiesen.

6 Vergleich der verschiedenen wellentheoretischen Verfahren

Zusammenfassend lassen sich die folgenden Empfehlungen bei der Auswahl geeigneter numerischer, wellenbasierter Lösungsverfahren geben:

a. Die FEM ist ein sehr vielseitig anwendbares und robustes Berechnungsverfahren, das sich insbesondere bei der Berechnung von Körperschall in elastischen Strukturen (wie z. B. in Automobilkarosserien) und von Schallfeldern in geschlossenen Räumen gut bewährt hat. Sollten jedoch Dämpfungsmechanismen wie bei der Anregung mit breitbandigen Geräuschen eine wichtige Rolle spielen, so müssen diese berücksichtigt werden. Dies kann für praktische Fragestellungen schwierig sein, da die Dämpfung oftmals nicht genau genug bekannt ist.
b. Die BEM eignet sich besonders gut zur Berechnung der Abstrahlung und Streuung in einem unendlich ausgedehnten homogenen Medium. Sie kann allerdings auch für Innenräume benutzt werden (s. Abschn. 2.3) und hat dabei den Vorteil, dass sie kleinere Gleichungssysteme generiert, da nur die Oberfläche und nicht das Volumen des schwingenden Körpers diskretisiert werden muss. Dieser Vorteil wird jedoch dadurch gemindert, dass die BEM auf vollbesetzte, komplexe und unsymmetrische Systemmatrizen führt, während die FEM oft nur dünn besetzte Bandmatrizen erzeugt – so genannte „sparse matrices“ – welche sich numerisch besonders effizient behandeln lassen.
c. Sehr große Probleme mit vielen Elementen und Gleichungen sollte man mit iterativen Gleichungslösern oder mit der Fast-Multipol-Methode behandeln.
d. Bei der Ersatzstrahlermethode (ESM) ist die Bestimmung der Matrixelemente aufwändiger. Jedoch werden oft wesentlich weniger Gleichungen als bei der BEM oder bei der FEM benötigt. Die ESM führt nur selten zu Singularitätsproblemen bei kritischen Frequenzen, und die Bestimmung von Intensität und Leistung ist einfacher. Ein großer Nachteil besteht darin, dass es keine Rechenprogramme für die ESM auf dem Markt gibt.

7 Ein Überblick über weitere numerische Methoden

Bei den hier schwerpunktmäßig behandelten drei Verfahren BEM, ESM und FEM handelt es sich um so genannte wellenbasierte Rechenmethoden, die alle auf die Lösung von diskretisierten Wellengleichungen zurückgehen. Sie eignen sich daher zur Behandlung von akustischen Fragestellungen bei tiefen und mittleren Frequenzen bzw.

bei kleinen oder mittleren Helmholtzzahlen *ka*, wobei *a* eine charakteristische Abmessung des behandelten Problems darstellt. Die drei Verfahren wurden für die einfachste Form der akustischen Wellengleichung beschrieben.

Wellen in inhomogenen Medien können z. B. durch eine vom Ort abhängige Schallgeschwindigkeit berücksichtigt werden. Somit lautet die Helmholtzgleichung (1) für den komplexen Schalldruck p

$$\Delta p + \frac{\omega^2}{c(x)^2} p = 0, \tag{98}$$

wobei $c(x)$ die vom Ort x abhängige, aber zeitlich konstante Schallgeschwindigkeit ist. Gl. (98) kann mit der FEM gelöst werden. Um die BEM anzuwenden, muss eine Greensche Funktion für das inhomogene Medium bekannt sein. Breiten sich die Schallwellen vornehmlich in horizontaler Richtung aus, kann die Methode der parabolischen Gleichung (PE method, siehe [142], Kap. 7.6 oder [143] für einen Vergleich mit der Helmholtzgleichung) verwendet werden.

Für hohe Frequenzen bzw. große Helmholtzzahlen, die beispielsweise bei der Simulation von Schallfeldern in Schiffen, Bahnen, beim Fluglärm, in der Bauakustik oder bei der Immissionsprognose auftreten, ist es nur in seltenen Fällen notwendig – bzw. überhaupt möglich – wellenbasierte Methoden anzuwenden, da diese Verfahren zu einem sehr hohen Rechenaufwand und möglicherweise zu einer geringen Genauigkeit führen. Vielmehr wird man, ähnlich wie in der Optik, auf Verfahren der geometrischen Akustik zurückgreifen oder auf statistische Berechnungsmethoden wie die statistische Energieanalyse (SEA). Allerdings ist der Übergangsbereich zwischen den wellenbasierten und den „Hoch-Frequenzapproximationen" fließend und nicht leicht abzugrenzen.

Das bekannteste Verfahren der geometrischen Optik ist sicherlich das Strahlverfolgungsverfahren, auch Raytracing genannt. Raytracingverfahren vernachlässigen den Wellencharakter des Schalls und werden sowohl in der Raumakustik (s. [5] Kap. M.6 oder [144], Kap. 4), im Unterwasserschall [145] und bei Problemen der Schallausbreitung in der Atmosphäre [146] eingesetzt. Kommerzielle Programme sind auf dem Markt vorhanden (s. Kap. 8). In inhomogenen Medien werden die Schallstrahlen gekrümmt. Der Verlauf der Schallstrahlen kann durch die Lösung der Eikonalgleichung, die für hohe Frequenzen aus der Wellengleichung [99] hergeleitet wird, berechnet werden [145]. Auch gibt es Versuche, Raytracing-Verfahren und wellenbasierte Verfahren miteinander zu koppeln oder zu hybriden Methoden zu verschmelzen, um einen möglichst weiten Frequenzbereich abzudecken [147, 148].

Die statistische Energieanalyse (SEA) kann bei akustischen und mechanischen Systemen mit großer Eigenfrequenzdichte, die insbesondere bei hohen Frequenzen auftritt, eingesetzt werden [149]. Hybride Mischformen von SEA und FEM werden in [150, 151] beschrieben und sind in der Software [152] implementiert. Eine ähnliche Mischform ist die Energie-FEM (EFEM), die insbesondere von Bernhard et al. (s. [4], Kap. 10) untersucht wurde.

Abschließend sei angemerkt, dass es zur Lösung akustischer Fragestellungen kein einzelnes universelles Berechnungsverfahren gibt, welches sich unter allen Umständen optimal verwenden lässt. Vielmehr muss das einzusetzende Verfahren unter Abwägung der jeweiligen Vor- und Nachteile sorgfältig ausgewählt werden. Insbesondere ist darauf zu achten, dass die jeweils notwendigen Eingangsparameter in ausreichender Qualität vorliegen, da diese die Vorhersagegüte unmittelbar beeinflussen. Wichtige Parameter sind dabei oftmals nur schwer exakt zu ermitteln, wie z. B. die Dämpfung in der FEM, die Kopplungsverlustfaktoren in der SEA oder das Reflexions-/Absorptionsverhalten einzelner Oberflächen bei der Verwendung von Strahlverfolgungsverfahren.

8 Kommerziell erhältliche Softwarepakete

Es stehen zahlreiche Rechenprogramme und Softwarepakete zur Verfügung, um akustische Felder zu berechnen und zu prognostizieren. Diese vollständig aufzuführen, dürfte unmöglich sein, und eine solche Zusammenstellung wäre bei der Schnelligkeit der Softwareentwicklung bald wieder überholt. Daher sind hier die folgenden Beispiele nur Pars pro toto aufgezählt:

- ***BEM und FEM:*** z. B. LMS Virtual.Lab Acoustics [153],
- ***FEM:*** z. B. Actran Acoustics [154], SFE-Akusmod und Akusrail [155], COMSOL [156], ANSYS [157]
- ***FEM und SEA***: Vibro-Acoustics: VA One [152],
- ***Schallabsorber:*** siehe [35] und die weiteren Bände II-III sowie das dazugehörige Programmpaket MAPS.
- ***Raytracing, Raumakustik:*** EASE/EARS [158], ODEON [159], CATT acoustics [160] etc.

Wie man sieht, enthalten viele „general purpose“ FEM-Programme einzelne Module (Toolboxen) für akustische Berechnungen wie z. B. die verschiedenen NASTRAN-Varianten, ANSYS oder auch COMSOL.

Literatur

1. Piscoya, R., Ochmann, M.: Acoustical boundary elements: theory and virtual experiments. Arch. Acoust. **39**(4), 453–465 (2014)
2. von Estorff, O. (Hrsg.): Boundary Elements in Acoustics, Advances and Applications. Advances in Boundary Element Series. WIT Press/Computational Mechanics Publications, Southampton (2000)
3. Wu, T.W. (Hrsg.): Boundary Element Acoustics: Fundamentals and Computer Codes. Advances in Boundary Element Series. WIT Press/Computational Mechanics Publications, Southampton/Boston (2000). reprinted 2005
4. Marburg, S., Nolte, B. (Hrsg.): Computational Acoustics of Noise Propagation in Fluids – Finite and Boundary Element Methods. Springer-Verlag, Berlin (2008)
5. Ochmann, M., Mechel, F.P.: Analytical and numerical methods in acoustics. Chap. O. In: Mechel, F.P. (Hrsg.) Formulas of Acoustics, 2. Aufl., S. 1019–1107. Springer-Verlag, Berlin/Heidelberg (2008)
6. Lerch, R., Sessler, G., Wolf, D.: Technische Akustik, Kap. 20. Springer, Berlin/Heidelberg (2009)
7. Colton, D., Kress, R.: Integral Equations in Scattering Theory. Wiley-Interscience Publication, New York (1983)
8. Sauter, S., Schwab, C.: Randelementmethoden. Teubner Verlag, Wiesbaden (2004)
9. Schenck, H.A.: Improved integral formulation for acoustic radiation problems. J. Acoust. Soc. Am. **44**, 41–58 (1968)
10. Seybert, A.F., Soenarko, B., Rizzo, F.J., Shippy, D.J.: An advanced computational method for radiation and scattering of acoustic waves in three dimensions. J. Acoust. Soc. Am. **77**, 362–368 (1985)
11. Ochmann, M.: The full-field equations for acoustic radiation and scattering. J. Acoust. Soc. Am. **105**, 2574–2584 (1999)
12. Marburg, S., Schneider, S.: Influence of element types on numeric error for acoustic boundary elements. J. Comp. Acoust. **11**(3), 363–386 (2003)
13. Marburg, S.: Six elements per wavelength – is that enough? J. Comp. Acoust. **10**(1), 25–51 (2002)
14. Press, W.H., Flannery, B.P., Teukolsky, S.A., Vetterling, W.T.: Numerical Recipes, the Art of Scientific Computing. Cambridge University Press, Cambridge (1990)
15. Akyol, T.P.: Schallabstrahlung von Rotationskörpern. Acustica **61**, 200–212 (1986)
16. Seybert, A.F., Soenarko, B., Rizzo, F.J., Shippy, D.J.: A special integral equation formulation for acoustic radiation and scattering for axisymmetric bodies and boundary conditions. J. Acoust. Soc. Am. **80**, 1241–1247 (1986)
17. Czuprynski, K., Fahnline, J., Shontz, S.: Parallel boundary element solutions of block circulant linear systems for acoustic radiation problems with rotationally symmetric boundary surfaces. ASME 2012 Noise Control and Acoustics Division Conference, New York, USA, 19–22 Aug 2012
18. Makarov, S., Ochmann, M.: An iterative solver of the Helmholtz integral equation for high-frequency acoustic scattering. J. Acoust. Soc. Am. **103**, 742–750 (1998)
19. Marburg, S., Schneider, S.: Performance of iterative solvers for acoustic problems. Part I: solvers and effect of diagonal preconditioning. Eng. Analy. Bound. Elements **27**, 727–750 (2003)
20. Schneider, S., Marburg, S.: Performance of iterative solvers for acoustic problems. Part II: acceleration by ILU–type preconditioner. Eng. Anal. Bound. Element. **27**, 751–757 (2003)
21. Ochmann, M., Homm, A., Makarov, S., Semenov, S.: An iterative GMRES-based boundary element solver for acoustic scattering. Eng. Analy. Bound. Element **27**(7), 717–725 (2003)
22. Ochmann, M., Wellner, F.: Calculation of sound radiation from complex machine structures using the multipole radiator synthesis and the boundary element multigrid method. Rev. Francaise Mécanique Num spéc 1991, 457–471 (1991)
23. Burgschweiger, R., Schäfer, I., Ochmann, M., Nolte, B.: Optimization and limitations of a multi-level adaptive-order fast multipole algorithm for acoustic calculations, Acoustics 2012, Hong Kong (2012)

24. Liu, Y.: Fast Multipole Boundary Element Method, Theory and Applications in Engineering. Cambridge University Press, Cambridge/New York (2009)
25. Kupradse, W.D.: Randwertaufgaben der Schwingungstheorie und Integralgleichungen. VEB Deutscher Verlag der Wissenschaften, Berlin (1956)
26. Copley, L.G.: Fundamental results concerning integral representations in acoustic radiation. J. Acoust. Soc. Am. **44**, 28–32 (1968)
27. Burton, A.J., Miller, G.F.: The application of integral equation methods to the numerical solution of some exterior boundary-value problems. Proc. R. Soc. Lond. A **323**, 201–210 (1971)
28. Rosen, E.M., Canning, F.X., Couchman, L.S.: A sparse integral equation method for acoustic scattering. J. Acoust. Soc. Am. **98**, 599–610 (1995)
29. Marburg, S.: The Burton Miller method: unlocking another mystery of its coupling parameter. J. Comput. Acoust. 24(1), 1550016-1-20 (2016)
30. Osetrov, A., Ochmann, M.: A fast and stable numerical solution for acoustic boundary element method equations combined with the Burton and Miller method for huge models consisting of constant elements. JCA **13**, 1–20 (2005)
31. Mohsen, A., Piscoya, R., Ochmann, M.: The application of the dual surface method to treat the nonuniqueness in solving acoustic exterior problems. Acta Acust. Unit. Acust. **97**(4), 699–707 (2011)
32. Everstine, G.C., Henderson, F.M.: Coupled finite element/boundary element approach for fluid-structure interaction. J. Acoust. Soc. Am. **87**, 1938–1947 (1990)
33. Kirkup, S.M.: The Boundary Element Method in Acoustics, 1. Aufl. 1998 by Integrated Sound Software; 2. Aufl. www.boundary-element-method.com (2007)
34. Seybert, A.F., Soenarko, B.: Radiation and scattering of acoustic waves from bodies of arbitrary shape in a three-dimensional half space. ASME Trans. J. Vib. Acoust. Stress Reliab. Design. **110**, 112–117 (1988)
35. Mechel, F.P.: Schallabsorber. Äußere Schallfelder, Bd. I. Wechselwirkungen, Hirzel (1989)
36. Ochmann, M.: The complex equivalent source method for sound propagation over an impedance plane. J. Acoust. Soc. Am. **116**, 3304–3311 (2004)
37. Ochmann, M., Brick, H.: Acoustical radiation and scattering above an impedance plane, Kap. 17. In: Marburg, S., Nolte, B. (Hrsg.) Computational Acoustics of Noise Propagation in Fluids. Finite and Boundary Element Methods, S. 459–494. Springer-Verlag, Berlin (2008)
38. Seybert, A.F., Wu, T.W.: Modified Helmholtz integral equation for bodies sitting on an infinite plane. J. Acoust. Soc. Am. **85**, 19–23 (1989)
39. Lam, Y.W., Hodgson, D.C.: The prediction of the sound field due to an arbitrary vibrating body in a rectangular enclosure. J. Acoust. Soc. Am. **88**, 1993–2000 (1990)
40. Seybert, A.F., Cheng, C.Y.R., Wu, T.W.: The solution of coupled interior/exterior acoustic problems using the boundary element method. J. Acoust. Soc. Am. **88**, 1612–1618 (1990)
41. Ochmann, M., Homm, A., Ehrlich, J.: Numerical calculation of acoustic scattering from a finite cylinder with locally varying surface impedance. Acta Acust. Unit. Acust. **89**, 14–20 (2003)
42. Piscoya, R., Ochmann, M.: Numerical Simulation of Transmission Loss Test Facilities. Internoise 2012, New York (2012)
43. Gaul, L., Kögl, M., Wagner, M.: Boundary Elements for Engineers and Scientists. Springer, Berlin/Heidelberg/NewYork (2003)
44. Burgschweiger, R., Ochmann, M., Nolte, B.: Berechnung der akustischen Rückstreustärke unter Berücksichtigung der Fluid-Struktur-Interaktion auf Basis einer BEM-BEM-Kopplung, Fortschritte der Akustik, DAGA 2008, Dresden (2008)
45. Burgschweiger, R. Schäfer, I., Piscoya, R., Ochmann, M.: Benchmarking for sound transmission and scattering from thin elastic structures using analytical, BE and FE coupling methods, Fortschritte der Akustik, DAGA 2009, Rotterdam (2009)
46. Piscoya, R., Brick, H., Ochmann, M., Költzsch, P.: Equivalent source method and boundary element method for calculating combustion noise. Acta Acust. Unit. Acust. **94**, 514–527 (2008)
47. Piscoya, R., Ochmann, M.: Separation of acoustic and hydrodynamic components of the velocity for a CFD-BEM hybrid method. Proceedings of the NAG/-DAGA 2009, Rotterdam (2009)
48. Piscoya, R., Brick, H., Ochmann, M.: Determination of the far field sound radiation from flames using the dual reciprocity boundary element method. Acta Acust. Unit. Acust. **95**(3), 448–460 (2009)
49. Schwarz, A., Janicka, J. (Hrsg.): Combustion Noise. Springer, Berlin/Heidelberg (2009)
50. Stütz, M., Ochmann, M.: Simulation of transient sound radiation using the Time Domain Boundary Element method, Fortschritte der Akustik, DAGA 2009, Rotterdam (2009)
51. Ochmann, M.: Closed form solutions for the acoustical impulse response over a masslike or an absorbing plane. J. Acoust. Soc. Am. **129**(6), 3502–3512 (2011)
52. Stütz, M., Möser, M., Ochmann, M.: Stability problems using the time domain BEM for computing the sound field in rooms. Proceedings Forum Acusticum 2011, Aalborg, pp. 253–257 (2011)
53. Nolte, B., Schäfer, I., Ehrlich, J., Ochmann, M., Burgschweiger, R., Marburg, S.: Numerical methods for wave scattering phenomena by means of different boundary integral formulations. J. Comp. Acoust. **15** (4), 1–35 (2007)
54. Ufimtsev, P.Y.: Fundamentals of the Physical Theory of Diffraction. 2. Aufl. Wiley, New Jersey (2014)
55. Ochmann, M.: Die Multipolstrahlersynthese – ein effektives Verfahren zur Berechnung der Schallab-

strahlung von schwingenden Strukturen beliebiger Oberflächengestalt. Acustica **72**, 233–246 (1990)
56. Koopmann, G., Song, L., Fahnline, J.: A method for computing acoustic fields based on the principle of wave superposition. J. Acoust. Soc. Am. **86**, 2433–2438 (1989)
57. Fahnline, J.B., Koopmann, G.H.: A numerical solution for the general radiation problem based on the combined methods of superposition and singular-value decomposition. J. Acoust. Soc. Am. **90**, 2808–2819 (1991)
58. Jeans, R., Mathews, I.C.: The wave superposition method as a robust technique for computing acoustic fields. J. Acoust. Soc. Am. **92**, 1156–1166 (1992)
59. Ochmann, M., Homm, A.: Calculation of the acoustic radiation from a propeller using the multipole method. In: Crocker, M. (Hrsg.) Proceedings of the 3rd International Congress on Air- and Structure-Borne Sound and Vibration, Bd. 2, S. 1215–1220. International Scientific Pub, Auburn (1994)
60. Attala, N., Winckelmans, G., Sgard, F.: A multiple multipole expansion approach for predicting the sound power of vibrating structures. Acta Acust. Unit. Acust. **85**, 47–53 (1999)
61. Heckl, M.: Bemerkungen zur Berechnung der Schallabstrahlung nach der Kugelfeldsynthese (Cremer-Methode). Acustica **68**, 251–257 (1989)
62. Cremer, L., Wang, M.: Die Synthese eines von einem beliebigen Körper in Luft erzeugten Feldes aus Kugelschallfeldern und deren Realisierung in Durchrechnung und Experiment. Acustica **65**, 53–74 (1988)
63. Masson, P., Redon, E., Priou, J.-P., Gervais, Y.: The application of the Trefftz Method to acoustics. In: Crocker, M. (Hrsg.) Proceedings of the 3rd International Congress on Air- and Structure-Borne Sound and Vibration, Bd. 3, S. 1809–1816. International Scientific Pub, Auburn (1994)
64. Bobrovnitskii, Y.I., Tomilina, T.M.: General properties and fundamental errors of the method of equivalent sources. Acoust. Physics **41**, 649–660 (1995)
65. Johnson, M.E., Elliott, S.J., Baek, K., Garcia-Bonito, J.: An equivalent source technique for calculating the sound field inside an enclosure containing scattering objects. J. Acoust. Soc. Am. **104**, 1221–1231 (1998)
66. Karageorghis, A., Fairweather, G.: The method of fundamental solutions for axisymmetric acoustic scattering and radiation problems. J. Acoust. Soc. Am. **104**, 3212–3218 (1998)
67. Bobrovnitskii, Y.I., Tomilina, T.M.: Calculation of radiation from finite elastic bodies by the method of auxiliary sources. Sov. Phys. Acoust. **36**, 334–338 (1990)
68. Crighton, D.G., Dowling, A.P., Ffowcs Williams, J. E., Heckl, M.A., Leppington, F.A.: Modern Methods in Analytical Acoustics, Lecture Notes. Springer, London (1992)
69. Ochmann, M.: The source simulation technique for acoustic radiation problems. Acustica **81**, 512–527 (1995)
70. Ochmann, M., Piscoya, R.: The equivalent source method for computing acoustical radiation and scattering: theory and extensions, Trefftz.08. 5th Workshop on Trefftz Methods, Konferenz-Proceedings, Löwen, Belgien (2008)
71. Abramowitz, M., Stegun, I.A.: Handbook of Mathematical Functions, 9th Printing. Dover, New York (1972)
72. Ottosen, N.S., Petersson, H.: Introduction to the Finite Element Method. Prentice Hall, New York (1992)
73. Bathe, K.J.: Finite Element Procedures. Prentice Hall, Englewood Cliffs (1996)
74. Cook, R.D., Malkus, D.S.: Concepts and Applications of Finite Element Analysis. Wiley, New York (2002)
75. Zienkiewicz, O.C., Taylor, R.L.: The Finite Element Method – Vol. 1: Its Basis and Fundamentals. Elsevier Butterworth-Heinemann, Amsterdam (2005)
76. Sandberg, G.: Finite element modelling of fluid-structure interaction. Doctoral thesis, Lund Institute of Technology, Lund (1986)
77. Morand, H.J.P., Ohayon, R.: Fluid Structure Interaction: Applied Numerical Methods. Wiley, Chichester (1995)
78. Ihlenburg, F.: Finite Element Analysis of Acoustic Scattering. Springer, New York (1998)
79. Carlsson, H.: Finite element analysis of structure-acoustic systems: formulations and solution strategies. Doctoral thesis, Lund University, Lund (1992)
80. Moosrainer, M.: Fluid-Struktur-Kopplung – Vibroakustische Lösungsmethoden und Anwendungen. Fortschritt-Berichte VDI 11(289). VDI-Verlag, Düsseldorf (2000)
81. Davidsson, P.: Structure-acoustic analysis: finite element modelling and reduction methods
82. Dreyer, D.: Efficient infinite elements for exterior acoustics. Doctoral thesis, Hamburg University of Technology, Hamburg (2004)
83. Ackermann, L.: Simulation der Schalltransmission durch Wände. Doctoral thesis, Braunschweig University of Technology, Braunschweig (2002)
84. Wernberg, P.A.: Structure-acoustic analysis: methods, implementations and applications, Doctoral thesis, Lund University, Lund (2006)
85. Petersen, S.: Adaptive finite und infinite Elementemethoden in der Akustik. Doctoral thesis, Hamburg University of Technology, Hamburg (2007)
86. Qu, Z.Q.: Model Order Reduction Techniques with Applications in Finite Element Analysis. Springer, London (2004)
87. Sommerfeld, A.: Partielle Differentialgleichungen der Physik. Geest & Portig, Leipzig (1948)
88. Givoli, D.: Numerical Methods for Problems in Infinite Domains. Elsevier, Amsterdam (1992)
89. Grote, M.J.: Nonreflecting boundary conditions. Doctoral thesis, Stanford University, Stanford (1995)
90. Turkel, E., Yefet, A.: Absorbing PML boundary layers for wave-like equations. Appl. Num. Mathod **27** (4), 533–557 (1998)

91. Harari, I., Slavutin, M., et al.: Analytical and numerical studies of a finite element PML for the Helmholtz equation. J. Comput. Acoust. **8**(1), 121–137 (2000)
92. Heikkola, E., Rossi, T., et al.: Fast direct solution of the Helmholtz equation with a perfectly matched layer or an absorbing boundary condition. Int. J. Num. Methods Eng. **57**(14), 2007–2026 (2003)
93. Astley, R.J.: Infinite elements for wave problems: a review of current formulations and an assessment of accuracy. Int. J. Num. Methods Eng. **49**(7), 951–976 (2000)
94. Harari, I.: A survey of finite element methods for time-harmonic acoustics. Comput. Method Appl. Mech. Eng. **195**(13), 1594–1607 (2006)
95. Sandberg, G.: A new strategy for solving fluid-structure problems. Int. J. Num. Methods Eng. **38**, 357–370 (1995)
96. Olson, L.G., Bathke, K.-J.: A study of displacement-based fluid finite elements for calculating frequencies of fluid and fluid-structure systems. Nucl. Eng. Design **76**(2), 137–151 (1983)
97. LE Tallec, P.: Domain decomposition methods in computational mechanics. Comput. Mech. Adv. **1** (2), 121–220 (1993)
98. Felippa, C.A., PARK, K.C., et al.: Partitioned analysis of coupled mechanical systems. Comput. Method. Appl. Mech. Eng. **190**(24), 3247–3270 (2001)
99. Mok, D. P.: Partitionierte Lösungsansätze in der Strukturdynamik und der Fluid-Struktur-Interaktion. Doctoral thesis, University of Stuttgart, Stuttgart (2001)
100. Hagen, C.: Wechselwirkung zwischen Bauwerk, Boden und Fluid unter transienter Belastung, Doctoral thesis, Hamburg University of Technology, Hamburg (2005)
101. Soares Jr., D., Estorff, O.V., et al.: Iterative coupling of BEM and FEM for nonlinear dynamic analyses. Comput. Mech. **34**(1), 67–73 (2004)
102. Lippert, S.: Efficient vibro-acoustic modelling of aircraft components with parameter uncertainties. Dissertation, Technische Universität Hamburg-Harburg, Shaker Verlag, Aachen (2010)
103. Atalla, N., Bernhard, R.J.: Review of numerical solutions for low-frequency structural-acoustic problems. Appl. Acoust. **43**(3), 271–294 (1994)
104. Schilders, W.H.A., Vorst, H.A., et al. (Hrsg.): Model Order Reduction: Theory, Research Aspects and Applications. Springer, Berlin (2008)
105. Dossing, O.: Modal Analysis and Simulation, Reference Manual. Brüel & Kjær, Nærum (1988)
106. MSC. Nastran: Basic Dynamic Analysis User's Guide. MSC. Software Corporation, Santa Ana (2004)
107. Sandberg, G.E., Hansson, P.-A., et al.: Domain decomposition in acoustic and structure-acoustic analysis. Comput. Method Appl. Mech. Eng. **190**(24), 2979–2988 (2001)
108. Marburg, S.: Normal modes in external acoustics, Part I: investigation of the one-dimensional duct problem. Acta Acust. Unit. Acust. **91**(6), 1063–1078 (2005)
109. Marburg, S., Dienerowitz, F., et al.: Normal modes in external acoustics. Part II: eigenvalues and eigenvectors in 2D. Acta Acust. Unit. Acust. **92**(1), 97–111 (2006)
110. Craig, R.R., Bampton, M.C.C.: Coupling of substructures for dynamic analysis. AIAA J. **6**(7), 1313–1319 (1968)
111. MSC. Nastran: Superelement User's Guide. MSC. Software Corporation, Santa Ana (2004)
112. Gersem, H.D., Moens, D., et al.: Interval and fuzzy dynamic analysis of finite element models with superelements. Comput. Struct. **85**(5), 304–319 (2007)
113. Giannini, O., Hanss, M.: The component mode transformation method: A fast implementation of fuzzy arithmetic for uncertainty management in structural dynamics. J. Sound Vib. **311**, 1340–1357 (2008)
114. Mace, B.R., Hinke, L., et al.: Component mode synthesis as a framework for uncertainty analysis, Leuven Symposium on Applied Mechanics LSAME.08, Leuven (2008)
115. Hanss, M., Herrmann, J., et al.: Vibration analysis of fluid-filled piping systems with epistemic uncertainties. IUTAM Symposium on the Vibration Analysis of Structures with Uncertainties, Saint Petersburg (2009)
116. Hinke, L., Dohnal, F., et al.: Component mode synthesis as a framework for uncertainty analysis. J. Sound Vib. **324**(1), 161–178 (2009)
117. Hou, S.N.: Review of modal synthesis techniques and a new approach. Shock Vibrat. Bull. **40**(4), 25–39 (1969)
118. Rubin, S.: Improved component-mode representation for structural dynamic analysis. AIAA J. **13**(8), 995–1006 (1975)
119. Craig, R.R.: A review of time-domain and frequency-domain component-mode synthesis methods. Int. J. Analy. Exp. Modal Anal. **2**, 59–72 (1987)
120. Craig, R.R.: Coupling of substructures for dynamic analyses: an overview. AIAA paper 2000-1573, AIAA Dynamics Specialists Conference, Atlanta (2000)
121. Wandinger, J.: A symmetric Craig-Bampton method for coupled fluid-structure systems. Eng. Comput. **15** (4), 450–461 (1998)
122. Hermans, L., Brughmans, M.: Enabling vibro-acoustic optimization in a superelement environment: a case study, International Modal Analysis conference IMAC 18, San Antonio (2000)
123. Kropp, A., Heiserer, D.: Efficient broadband vibro-acoustic analysis of passenger car bodies using an FE based component mode synthesis approach. J. Comput. Acoust. **11**(2), 139–157 (2003)
124. Magalhaes, M.D.C., Ferguson, N.S.: Acoustic-structural interaction analysis using the component mode synthesis method. Appl. Acoust. **64**(11), 1049–1068 (2003)
125. Magalhaes, M.D.C., Ferguson, N.S.: The development of a component mode synthesis (CMS) model for three-dimensional fluid-structure interaction. J. Acoust. Soc. Am. **118**(6), 3679–3690 (2005)

126. Maess, M., Gaul, L.: Substructuring and model reduction of pipe components interacting with acoustic fluids. Mech. Syst. Signal Process. **20**(1), 45–64 (2006)
127. Maess, M.K., Gaul, L.: Simulation of structural deformations of flexible piping systems by acoustic excitation. J. Press. Vessel Technol. **129**, 363–371 (2007)
128. Noor, A.K.: Recent advances and applications of reduction methods. Appl. Mech. Rev. **47**(5), 125–146 (1994)
129. Saad, Y.: Iterative Methods for Sparse Linear Systems. Society for Industrial and Applied Mathematics, Philadelphia (2003)
130. Davis, T.A.: Direct Methods for Sparse Linear Systems. Society for Industrial and Applied Mathematics, Philadelphia (2006)
131. Vorst, H.A.: A fast and smoothly converging variant of BI-CG for the solution of nonsymmetric linear systems. SIAM J. Sci. Statist, Comput. **13**(2), 631–644 (1992)
132. Saad, Y., Schultz, M.H.: A generalized minimal residual algorithm for solving nonsymmetric linear systems. SIAM J. Sci. Statist. Comput. **7**(3), 856–869 (1986)
133. Freund, R.W., Nachtigal, N.M.: A quasi-minimal residual method for non-Hermitian linear systems. Num. Math. **60**(1), 315–339 (1991)
134. Biermann, J.: Effiziente Berechnung von Reifen-Rollgeräuschen. Dissertation, Technische Universität Hamburg-Harburg, Shaker Verlag, Aachen (2013)
135. Jung, M.: Einige Klassen paralleler iterativer Auflösungsverfahren. Habilitation thesis, Chemnitz University of Technology, Chemnitz (1999)
136. Bronštejn, I.N., Semendjaev, K.A., et al.: Taschenbuch der Mathematik. Thun, Frankfurt a. M. (1995)
137. Cuthill, E., Mckee, J.: Reducing the bandwidth of sparse symmetric matrices. 24th National Conference of the Association for Computing Machinery, New York (1969)
138. George, A., Liu, J.W.H.: Computer Solution of Large Sparse Positive Definite Systems. Prentice Hall, Englewood Cliffs (1981)
139. DAVIS, P.A., DAVIS, T.A., et al.: Algorithm 837: AMD, an approximate minimum degree ordering algorithm. ACM Transactions on Mathematical Software **30**(3), 381–388 (2004)
140. Davis, T.A., Gilbert, J.R., et al.: A column approximate minimum degree ordering algorithm. ACM Trans. Math. Softw. **30**(3), 353–376 (2004)
141. Davis, T.A., Gilbert, J.R., et al.: Algorithm 836: COLAMD, a column approximate minimum degree ordering algorithm. ACM Trans. Math. Softw. **30**(3), 377–380 (2004)
142. Brekhovskikh, L.M., Godin, O.A.: Acoustics of Layered Media II. Springer-Verlag, Berlin/Heidelberg (2010)
143. Larsson, E., Abrahamsson, L.: Helmholtz and parabolic equation solutions to a benchmark problem in ocean acoustics. J. Acoust. Soc. Am. **113**, 2446–2454 (2003)
144. Kuttruff, H.: Room Acoustics. 5. Aufl. Spon Press, London/New York (2009)
145. Dowling, A.P., Ffowcs Williams, J.E.: Sound and Sources of Sound, Chap. 5. Ellis Horwood, Chicester (1983)
146. Attenborough, K., Li, K.M., Horoshenkov, K.: Predicting Outdoor Sound, Chap. 11. Taylor & Francis, London/New York (2007)
147. Hampel, S., Langer, S., Cisilino, A.P.: Coupling boundary elements to a raytracing procedure. Int. J. Numer. Meth. Eng. **73**, 427–445 (2008)
148. Burgschweiger, R., Schäfer, I., Nolte, B. und Ochmann, M.: „Implementierung eines Analyseverfahrens zur Ermittlung pegelrelevanter Bereiche von Strukturen innerhalb von dünnwandigen Körpern unter Verwendung des Raytracing-Lösers BEAM“. Fortschritte der Akustik, DAGA 2015, Nürnberg (2015)
149. Lyon, H.L., DeLong, R.G.: Theory and Application of Statistical Energy Analysis. 2. Aufl. Butterworth-Heinemann, Newton (1995)
150. Cotoni, V., Shorter, P.: Numerical and experimental validation of a hybrid finite element-statistical energy analysis method. J. Acoust. Soc. Am. **122**, 259–270 (2007)
151. Mace, B.R., Shorter, P.: Energy flow models from finite element analysis. J. Sound. Vibration **233**, 369–389 (2000)
152. https://www.esi-group.com/de/software-services/virtual-performance/va-one. Zugegriffen am 09.06.2016
153. http://www.plm.automation.siemens.com/de_de/products/lms/virtual-lab/acoustics/. Zugegriffen am 09.06.2016
154. http://www.mscsoftware.com/de/product/actran-acoustics. Zugegriffen am 09.06.2016.
155. http://www.homepage.sfe-group.org/en/products/sfe-akusmod/. Zugegriffen am 09.06.2016
156. https://www.comsol.de/acoustics-module. Zugegriffen am 09.06.2016
157. http://www.ansys.com/Products/Structures/Vibrations/Harmonic-Vibrations-and-Acoustics. Zugegriffen am 09.06.2016
158. http://www.ada-acousticdesign.de/set_en/setsoft1.html. Zugegriffen am 09.06.2016
159. http://www.odeon.dk/development-room-acoustics-software. Zugegriffen am 09.06.2016
160. http://www.catt.de/. Zugegriffen am 09.06.2016